수학 강사 20년, 신나는 아름쌤이 전하는
수학이 좋아지는 7가지 비법

내 아이만큼은 수포자가 아니었으면

내 아이만큼은 수포자가 아니었으면

초판 1쇄 인쇄 2020년 5월 12일
초판 1쇄 발행 2020년 5월 15일

지은이 한아름
펴낸이 전익균, 강지철

이 사 김기충
기 획 김이율, 백현서, 조양제
관 리 김영진, 정우진
디자인 김 정
교 육 민선아
마케팅 팀메이츠
유 통 새빛북스

펴낸곳 에이원북스
전 화 (02) 2203-1996   **팩스** (050) 4328-4393
출판문의 및 원고투고 이메일 svedu@daum.net
등록번호 제215-92-61832호   **등록일자** 2010. 7. 12

값 15,000원
ISBN 978-89-92454-86-5(03410)
* 잘못 만들어진 책은 구입하신 곳에서 바꾸어 드립니다.

이 도서의 국립중앙도서관 출판시도서목록(CIP)은 서지정보유통지원시스템 홈페이지
(http://seoji.nl.go.kr)와 국가자료공동목록시스템(http://www.nl.go.kr/kolisnet)에서 이용하
실 수 있습니다. (CIP제어번호: CIP2020014312)

내 아이만큼은

수학 강사 20년, 신나는 아름쌤이 전하는
수학이 좋아지는 7가지 비법

수포자가

아니었으면

한아름 지음

엄마잔소리

빨리끝내자

엄청중요해

숙제해야지

너무귀찮아

수학은한약

수학은노잼

수학은허들

수학은좀비

수학은죽음

수학은두통

수학클리닉 수업 중 "수학을 다섯 글자로 말하면?"이란 게임의 답들입니다. '수학은꿀잼'이나 '수학이좋아' '잼있는수학' 등을 기대한 것은 아니었지만 하나같이 부정적인 표현들이라 마음이 씁쓸했던 기억이 납니다. 저자도 영어 단어를 외우는 것 보다 수학 문제를 푸는 게 편했을 뿐 수학이 미치도록 좋았던 건 아니었습니다. 어떤 계기로 수학이 좋아지고 자신감이 붙으니 더 잘하고 싶어지던 그 과정을 거쳐 어느새 아이들에게 수학을 가르친 지 20년이 훌쩍 넘었네요. 수학보다는 아이들이 좋았고 아이들과 소통할 수 있는 일들 중 조금 더 잘할 수 있고 재미의 요소가 많았던 수학이 소통의 매개체가 되었을 뿐 다른 과목을 잘했다면 태권도 사범님이나 미술 선생님이 되었을지도 모르겠습니다. 지금도 수학적인 머리를 쓰는 보드게임이나 문제적 남자의 기상천외한 문제들이 흥미롭고 재미있으니 역시 뭐든 재미의 요소가 제일 중요한 것 같습니다. 남녀노소 어른이든 아이든 재미와 흥미의 요소에 이끌리지 않는 사람은 없지요. 위 게임에서 알 수 있듯이 대부분의 많은 사람들에게 수학은 어렵고 지겹고 재미없는 것이라는 편견이 강합니다. 일찍부터 수학을 포기한다는 의미로 등장한 '수포자'라는 단어는 입시를 위한 어려운 수학이라는 선입견을 내포하고 있는 것 같아요. 물론 피할 수 없는 입시의 당락을 좌우하는 중요한 과목이지만 그럴수록 주먹구구식의 획일화된 학습보다는 아이의 마음을 열고 스스로 동기부여 되어 몰입할 수 있는 과목으로 조금 더 즐겁게 수학을 공부할 수 있는 방법은 없을까? 긴 시간 많은 아이들과 함께 하며 느낀 사례와 경험을 통해 내 아이만의 즐거운 수학시간을 만들 수 있는 방법을 전해드릴 수 있기를 바라며 긴 여정을 되짚어 보려 합니다.

목차

내 아이만큼은
수포자가 아니었으면

1장

숫자만 보면
왜 이렇게 머리가 아플까?

내 아이만큼은
숫포자가
아니었으면

촛불 켜고 수업하는 학원

9년 전 놀이 수학을 오픈할 때 나의 주변에서는 걱정과 우려의 목소리가 꽤 컸다. 그러나 남편의 사업실패로 나에게는 선택의 여지가 없었다. 오래 꿈꿔온 일이기도 했지만, 당장 아이들을 먹여 살릴 방법이 시급했기 때문에 나 하나를 믿고 과감히 추진했다.

얇은 미닫이 문을 열고 신발을 벗고 들어와야 하는 좁은 공간은 겨울이면 너무나 추웠고 여름이면 더워서 종일 아이스젤리를 먹으며 수업을 해야 할 만큼 학원 시설은 열악했다. 춥다고 그만둔 친구도 한 명 있었을 정도로 온풍기를 돌려도 새시문을 타고 들어오는 칼바람을 막기는 어려웠다. 비가 오면 정전이 되어 휴강을 하거나 촛불을 켜고 수업을 하기도 했지만 이상하리만치 한

번도 좌절하지 않았다. 열악한 환경도 좌절시키지 못한 열정과 사랑, 그리고 믿어준 학부모들과 천사 같은 아이들이 있었기 때문이지 않았을까? 이 자리를 빌어 다시 한번 감사의 말씀을 전하고 싶다.

그렇게 겨울이면 난로불에 고구마와 쫀드기를 구워먹고, 여름이면 아이스젤리로 아이들을 응원하며 7년을 보내다 옆 상가로 이사를 했다. 학교 앞 큰 대형학원 사이즈로 옮겨야 할 만큼 학생들이 몰렸지만, 부담해야 하는 월세와 올라갈 수강료를 생각하지 않을 수 없었다. 때문에 크기는 차이가 없지만 깔끔하게 준비된 상가로 옮기고 싶어 1년여를 기다렸다. 작게 리모델링도 하고, 이제는 신발을 벗지 않아도 되고 칼바람과 더위에도 걱정 없는 보금자리를 갖게 됐다.

나는 확언의 힘, 말하는 대로의 힘을 믿는다. 그때는 왜 그랬는지 이유조차 모를 자신감과 나 하나를 믿고 가는 불도저 같은 무한 도전이 있었다. 무한 도전이 무모한 도전이 되지 않기 위해 그렇게 하루하루 최선을 다한 결과, 오늘까지 9년차 수학학원에서 매일매일 아이들과 꿈을 키우고 있다. 말하는 대로 이뤄진다는 믿음이 현실이 되었다는 생각을 한다. 그 마법 같은 현실은 아이들 곁에도 존재하고 있다.

빛바랜 촛불의 추억, 추위에 떨던 그 시절을 공유하던 초등학교 1학년 친구들이 벌써 중학교 1학년이 되었다. 수학 공부가 싫어 울며 힘겨운 시간을 보냈던 병기는 중학생이 되어 서울대학교 건축학과 입학을 희망하고 있다. 후배들에게 열심히 공부하는 모범을 보이고 싶다며 수학책을 빌려오고 문제풀이 카페에 가입해 수학을 연구하는데 재미를 붙인 너무나 고마운 제자이다. 촛불 켜고 수업하던 시절을 버티고 견디며 병기의 힘겨운 시간을 기다려 준 보람이 나에게 선물 같은 시간으로 돌아온 것만 같다. 힘겨운 아이일수록 크게 된다는 옛 어르신들의 말씀은 그 시간이 가져다주는 보상을 경험으로 알고 있기에 나온 말일 것이다. 부모는 매일 아침 촛불을 켜는 사람이다. 오늘 또 꺼지더라도 내일 다시 촛불을 켤 수 있는 용기와 지혜를 지금 이 책을 읽고 있는 많은 학부모들에게 나의 경험을 통해 선물하고 싶다.

수는 가장 높은 수준의 지식이다. 수는 지식 그 자체이다. – 플라톤

질문 안 받는 선생님

얼마 전 소개로 들어온 중학교 1학년 우현이는 초등학교 저학년부터 6학년까지 학원을 다녔다. 레벨 테스트 삼아 중학교 1학년 앞 단원과 직결되는 5학년 과정 문제를 풀어보라고 주니 단번에 "선생님, 다 까먹었어요."란다. 학원의 문제일까? 우현이의 문제일까? 정확히 알 수 없지만 한두 달 지켜본 우현이는 착하고 성실하지만 학습에 능동적인 아이는 아니었다. 분명 초등학교 때에도 성실히 학원을 다니지 않았을까? 문제는 스스로 개념을 이해하고 문제를 풀어가는 능동적인 공부를 하지 않은 데 있다는 결론에 이르렀다. 다행히 의지와 성실함을 갖춘 친구라 새롭게 의욕을 다질 수 있었다. 그 간단한 예를 들어보겠다.

"우현아 최소공배수라는 말은 왜 나왔을까?"

"모르겠어요"

"그럼 공통되는 배수들 중에 가장 큰 수는 뭐지?"

"모르겠어요"

"우현아, 이제 선생님의 질문에 '모르겠어요'는 뺄 거야. 대신 '왜 나왔을까?'라고 되물어보는 대답을 연습해보자"

"진짜 몰라서 그래요"

"그래 알아~근데 '모르겠다'로 대답하면 우현이 뇌가 그 소리를 먼저 듣고 '아 이건 진짜 모르는 거구나'하고 닫혀버리지만 '왜 나온 거예요?'라고 질문하면 뇌가 답을 찾으려는 모드로 작동하기 때문이야"

우리 학원에서 금지된 몇 가지 말이 있다. 욕을 하는 것과 모르겠다고 얘기하는 것이다. 그럼 질문을 어떻게 하지?라고 생각할 수 있다. 무조건 모르겠다가 아니라 정확히 질문하는 것을 연습하는 것이다.

> 사람의 의식은 질문이 무엇이냐에 따라 컨트롤이 가능하다.
> 질문이 바뀌면 구체적으로 보이는 것이 달라진다.
>
> – 굿 퀘스천 중

모든 아이들의 이름에 부모님의 깊은 뜻이 숨어있듯 수학적인 용어도 고유의 의미를 갖고 있다. '최대공약수라면 공통되는 약수 중에 제일 큰 수' '약수란 나누어떨어지게 하는 수'라는 용어의 기본 개념인지 없이 문제풀이로만 개념을 배웠던 우현이의 한계는 중학생이 되어 최대공약수를 거듭제곱으로 확장해야 하는 단계에서 나타났다. 한계를 극복하기 위해서는 개념이 부족한지, 유형 학습이 부족한지 제대로 된 질문과 처방이 우선되어야 한다.

하나의 질문이 세상을 바꾼다고 했다. 1인 기업의 한계를 극복하고 아이 한명 한명의 고유함을 인정하고 맞춤 수학의 옷을 입히기까지 어려움도 많았다. 연산이 부족한 친구, 개념이 약한 친구, 수학이 그냥 싫은 친구 등. 열 손가락 깨물어 아프지 않은 손가락이 없듯 아이들마다 강점과 약점의 요소들은 천차만별이었다. 하지만 나는 믿었다. 질문 하나 바꿨을 뿐인데 가랑비에 옷 젖듯 스스로 찾아낸 질문들이 아이의 인생에 답을 찾아줄 것이라는 믿음, 그 믿음은 조금씩 결실을 맺었다.

> 수학을 모르는 사람은 자연의 진정한 아름다움을 알 수 없다. – 리처드 파인만

내 아이만큼은
수포자가
아니었으면

수학의 사각지대
〈학부모 편〉

사각지대란 장애물을 인식할 수 없는 각도를 말한다. 주의를 기울여도 놓치기 쉬운 부분이다. 학부모의 입장에서 학원과 선생님을 선택하는데 있어 간과할 수 있는 사각지대는 무엇이 있을까?

선생님의 그림자도 밟지 말라던 얘기는 이미 한 오백년 전, 호랑이 담배 피던 시절로 거슬러 올라간다. 공교육도 선생님의 권위가 점점 사라지고 있는 요즘, 학원 선생님의 권위란 더더욱 찾기 어렵다. 그럼에도 불구하고 가성비가 좋거나 핫이슈의 상품에 소비자가 몰리듯 가성비 갑의 학원과 스타강사의 저력은 날이 갈수록 증가하고 있다.

"권력이 먼저일까? 사람이 먼저일까? 권력을 가진 사람이 좋은 사람이어야 할까? 좋은 사람이 권력을 갖는 게 맞을까?" 성폭력예방 전문가 손경이 강사의 말이다. 닭이 먼저냐 달걀이 먼저냐의 질문 같지만 나는 좋은 사람이 권력을 가져야 한다고 생각한다. 이미 가진 권력을 남용하던 사람이 좋은 사람이 되기란 어렵기 때문이다.

학원 이야기로 돌아와서, 좋은 강사가 많은 학원이 좋은 학원일까? 좋은 학원에 좋은 강사가 많은 것일까? 좋은 학원의 기준은 무엇일까? 맛집을 소개하는 프로그램을 보면 숨은 고수들은 대체로 숨겨지고 허름한 곳에 많다. 볼 때마다 전문가가 인정할 정도의 고수인데 왜 성공하지 못했을까 궁금했다. 여러 이유가 있겠지만 일단은 포장작업과 홍보 마케팅에서 실패를 했기 때문인 것 같다. 아무리 좋은 선물도 신문지에 포장하면 그 가치는 떨어지게 된다. 이름이 알려진 유명한 학원이란 학부모들에게 어느 정도의 신뢰를 주는 것 같다. 그러나 학원을 선택할 때 첫 번째도, 두 번째도, 세 번째도 기준이 되어야 하는 것은 아이를 가르칠 선생님이다. 선생님의 인품과 경력이 최우선의 조건이어야 한다.

초창기 학원 강사 시절 20대 초반이었으니, 머리카락을 보라색으로 염색하고 찢어진 청바지를 입고 출근을 했다. 학생들 수준과 똑같은 나의 외모는 아이들에게 꽤 인기가 있었다. 여기에 쉽고 재미있게 가르치는 선생님으로 조금씩 이름이 알려지면서 학생들은 더욱 몰렸다. 때문에 원장 선생님도 나의 외모에 대해 어떠한 지적도 하지 않았다.

20년도 훌쩍 지난 지금도 생생히 기억나는 일이 있다. 12시에 출근해 청소하고 수업 준비를 하고 있었는데, 한 학부모가 들어오시더니 손짓으로 나를 불렀다.

"학생, 선생님들은 아직 출근 안하셨어?"
"제가 선생님인데요. 무슨 일이세요?"
"아니 알바 말고 수업하시는 선생님"
"알바 아니고 수업하는 선생님입니다. 원장 선생님은 오후 3시 넘어서 출근하세요"
"무슨 학원이 새파란 날라리를 선생으로 써"

그 사건 이후 나는 다시는 찢어진 청바지를 입지 않았다. 지금도 강의가 있는 날에는 정장을 차려 입지만, 평소에는 편하지만 예의를 갖춘 복장, 때로는 나를 가장 기분좋게 해주는 찢어진 청바지에 튀는 복장으로 출근을 하곤 한다. 엄마가 행복해야 아이도 행복하다고 했다. 선생님이 행복해야 학생도 행복하다. 늘 데이트하는 기분으로, 아이들과 연애하는 기분으로, 최대한 나를 제일 기분 좋게 하는 의상을 입으려고 한다. 이제는 새파란 날라리란 말을 듣기엔 너무 나이가 들기도 했지만, 어떤 복장이어도 신뢰감을 줄 수 있을 세월의 내공과 유대감 그리고 자신감이 쌓였기 때문인 것 같다.

대형학원을 선택하는 경우 대체로 우리 아이를 가르칠 선생님을 직접 만나보기보다 원장 선생님과 상담 후 입회를 결정하게 된다. 아이를 보내야 하는데, 눈치를 보는 것도 같고 예의가 아닌 것 같아 물어보지 못하는 경우가 많다. 꼭 경력이 많고 유명한 강사가 좋은 선생님은 아니다. 열의가 높고 스카이를 나온 학생이어도 자기가 공부를 잘하는 것과 아이를 잘 가르치는 것은 다르기 때문이다. 그러나 3년 묵은지가 햇김치는 따라갈 수 없는 깊은 맛을 가졌듯 경험이 많은 경력자의 수업이 원활할 수밖에 없는 것은 사실이다. 처음 중3을 가르치던 20대 초에 내가 풀기는 하겠는데 학생들에게 설명하는 것이 너무 막막해서 문제집 한 권을 전부 다시 풀어보았던 기억이 있다. 이렇듯 내가 문제를 푸는 것과 아이들이 이해하기 쉽도록 가르치는 것은 매우 큰 차이가 있다.

가성비란 가격 대비 성능의 준말로 소비자가 지급한 가격에 대한 제품 성능이 소비자에게 주는 효능의 수치를 뜻한다. 물건의 가성비는 가격 대비 성능을 따질 수 있지만 교육에 있어 가성비의 조건은 무엇일까?

수학 그 이상의 가치.
마음을 얻고 수학을 입히다.

수학학원을 시작하면서 지금까지 마음에 품고 있는 나의 초심이다. 21살 때부터 시작한 학원 강사 경력이 어느새 20년이 넘고 〈신나는 상상〉이란 놀이 수학을 브랜딩화하면서 지금까지도 가치로 삼고 있는 것이지만, 수학 그 이상의 가치를 심어준다는 것은 참으로 어렵다. 그러나 진정성 있는 최선은 신뢰를 만들고, 시간이란 조리과정을 통해 진국을 만들어낸다. 초등학교 1학년 때부터 함께 공부해온 친구들이 성실한 중학생이 되고 얼마 되지 않았지만 수학에 흥미를 느끼고 스스로 즐기는 모습을 보여주는 아이들이 있다. 학부모들이 명심해야 할 것은 학원의 브랜드 네임이 아니라 실질적으로 나의 아이를 성장시킬 수 있는 원동력을 가진 선생님이다.

인간의 지식은 모두 직관으로부터 시작하여 개념으로 나아가서 아이디어로 끝난다. - 칸트

수학의 사각지대
〈아이 편〉

　학부모의 시선에서 바라본 사각지대가 있었다면, 수학을 업으로 삼고 있는 선생에게 사각지대란 무엇일까? 보이는 부분을 챙기기에도 바쁜 날들의 연속이지만, 놓치는 부분은 없는지, 효율성과 가치 두 마리 토끼를 잡는 방법은 무엇인지 이번에는 아이의 입장에서 생각해보자.

　특별히 수학을 좋아하는 아이가 아니라면 대부분 학년이 올라갈수록 수학은 의무감으로 전락하기 쉬운 과목이다. 지난 학년의 기본기가 바탕이 되어야 하고, 연산과 개념으로 벽돌을 만들고, 유형을 반복하며 차곡차곡 쌓아야 튼튼한 수학 나무의 기본기가 만들어진다.

하지만, 아무런 준비가 되지 않은 과목이 수학이다. 때문에 선생님은 아이들이 수학의 필요성을 스스로 느끼고 결함을 채우며 의욕적으로 즐겁게 공부할 수 있도록 해야 한다. 아이, 학부모, 선생님 각자의 입장에서 학원이란 선택일까? 필수일까?

아이의 선택 》》 아이들은 선택권을 거의 갖지 못한다. 사교육 1번지 스카이캐슬 공화국인 대한민국의 수많은 학원 중 어느 곳을 갈지 선택권은 대부분 부모에게 있다. 그렇다 보니 옥석을 가리는 부모의 안목은 필수 조건이 되었다. 부모는 어떤 기준으로 학원을 선택해야 할까? 이 또한 주관적 의견이 많을 수 있지만 앞에서 이야기한대로 나의 최우선 기준은 선생님의 경력과 인품이다. 경험이 많을수록 편안하고 효율적인 내공이 나올 것이고 그만큼 즐겁게 공부할 수 있는 환경을 제공할 수 있기 때문이다.

부모의 선택 》》 부모 앞에 學자가 붙으면 그 순간 부모들은 헌터가 된다. 그러나 학부모가 추구하는 것은 아이들의 행복이어야 한다. 현재 내 아이가 행복하게 공부할 수 있는 조건과 환경에서 체크해야 할 부분 그리고 학원을 보내고 있는 상황에서 보지 못하는 사각지대에 대해 알아보려 한다.

아이의 사각지대 〉〉 여기서 아이란 최소 고학년 이상으로 주장과 의사결정의 사리분별이 가능한 연령이다. 유아기나 저학년까지는 부모의 말이 진리이기 때문에 선택의 권한은 없다고 봐야 한다. 그럼 아이들은 어떤 사각지대를 조심해야 할까?

'맹목적인 믿음과 홈쇼핑식 강의듣기'

명강사들은 속이 다 시원할 만큼 궁금증을 잘 풀어내며 해답을 안겨준다. 얼마나 이해가 잘 가는지 공부를 많이 한 것 같은 뿌듯함도 크다. 그것이 가장 위험하고 조심해야 할 사각지대이다.

수학이란 결코 동영상 시청으로 학습할 수 있는 과목이 아니다. 손으로 직접 풀고 반복하고, 오답을 확인하는 과정을 통해 실력이 쌓이는 과목이다. 요즘은 개념을 쉽고 재미있게 설명하는 영상들이 참 많다. 이용할 것이 아니라 활용해야 한다. 개념영상 학습 후에는 반드시 개념노트를 정리하고, 서술형 영상은 몰랐던 부분만 듣고, 마무리는 반드시 본인이 스스로 답을 구하거나 유사 문제를 통해 반복하는 다지기 과정이어야 한다. 이 과정을 함께 이끌어줄 코치 선생님과 병행한다면 금상첨화다.

부모의 사각지대 〉〉 김연아 선수나 박태환 선수처럼 유명한 스포츠 선수가 수학도 잘한다면? 아이의 재능은 바닷가의 조약돌이

모두 다른 모양이듯 각자의 고유함을 갖고 있다. 어느 파도와 어떤 환경에 있느냐에 따라 더 둥글고 단단한 나만의 모양을 갖추게 된다.

그렇다면 내 아이가 더 둥글고 단단한 모양을 갖추도록 이끌어줄 딱 맞는 학원을 선택하는데 학부모가 조심해야 할 사각지대란 무엇일까?

선택과 믿음이다. 일단 내 아이를 잘 알아야 한다. 부모의 목적의식이 아니라 아이의 현재 상태와 발전 가능성, 부족함을 파악하고 최적의 환경을 선택했다면 반은 성공한 것이다. 그 다음은 믿음이다. 마모된 돌을 다시 둥글고 단단히 만드는 데는 현재 돌의 상태에 따른 시간이 필요하다. 몇 달의 결과 또는 옆집 엄마의 솔깃한 정보만으로 학원을 옮기는 경우가 빈번하다. 이때 아이에게는 선택권이 없다. 아이를 가장 잘 아는 사람은 부모이겠지만, 사실 유치원을 졸업하고 초등학교 입학만 해도 아이는 부모가 알지 못하는 수많은 모습들을 갖는다. 기질적인 성향이 작은 사회 속에서 발현되는 것이다. 때문에 아이의 공부성향이나 학습방향에 대해서는 부모보다 오래 가까이 아이를 지켜본 선생님이 더 정확하게 알 수 있는 것이다.

내 아이와 가장 잘 맞는 선생님을 만났다면 큰 행운이다. 일단 선택했다면 일정 기간은 아이와 선생님을 믿고 기다려야 한다. 단시간에 결과를 기대하기보다 아이가 단계에 맞게 잘 성장하고 있는지를 파악하는 것이 우선이다. 이것이 부모들이 간과하는 사각지대라 할 수 있다. 지금 당장 단원평가와 경시대회 결과로 학원을 옮기게 되면 같은 상황은 언제든 다시 발생할 수 있다. 나는 상위권 친구의 학부모가 학원을 옮기겠다고 나를 찾아오면, 옮기려고 생각하는 학원은 어디인지, 그리고 그 아이의 레벨이나 상태에 어울리는 상담을 진행하고 있다. 그 학생들은 어디를 가더라도 잘할 수 있기 때문이다. 그러나 아직 대형학원 시스템에 가기에는 미흡함이 느껴지거나 부족한 친구들의 경우, 긴 상담을 통해 옮기려는 이유를 파악하고 3~6개월 더 기다려줄 것을 부탁한다. 실제로 우연이 어머니는 3개월 만에 학원을 옮기겠다고 나를 찾아온 적이 있다. 우연이는 좋아하는데 성적이 80점대에 머물러 있었으니, 학원을 옮기겠다는 것이었다. 그러나 긴 상담을 통해 조금 더 기다려주기로 했다. 1년이 훨씬 지난 지금 우연이는 90점 이상의 성적을 유지하고 있다. 3학년 때 처음 우리 학원에 왔을 때 우연이는 적응하느라 몇 개월 동안 울며 집중 못하고, 수업 시간을 지키지도 못했다. 당연히 성적이 좋을 수 없었고, 결국 우연이 어머니는 학원을 옮기겠다고 나를 찾아 왔던 것이다. 학원 자체에 거부감이 있는 아이, 왜 수학을 공부해야 하는지 목적도 재미도 느끼지 못하는 아이가 다른 학원으로 옮기면 좋아질까? 그렇지 않다. 우연이의 성향은 오히려 강압적인 숙제와 스케줄로 인해 스트레스만 받을 확률이 높을 것이라 이야기하며 2~3개월만 더 지켜본 후 다시 결정할 것을 부탁했다. 그 시간 동안 수학을 공부하는 이유와 수학이란 재미있고 즐거운 과목임을 스스로 느끼고 목적을 가질 수 있도록 노력했다. 지금은 아이 스스로 문제를 풀고 오답노트를 챙기며 문제집 선정 등 수학 레벨 상승에도 욕심내는 단계에 이르렀다. 6학년 때 이사를 간다는데 이제는 어느 학원에 가더라도 자신있게 공부할 수 있는 학생이다. 오답노트, 숙제습관, 학습 집중도 등 다져진 내공이 있기에 헤어짐은 아쉽지만 기쁘게 보낼 수 있을 것 같다.

어머니들은 옆집 엄마의 기준이 아닌 지금 내 아이의 상태와 상황을 객관적으로 살펴볼 수 있는 세심한 관심을 가져야 한다. 초등학교 때는 아이를 향한 기대와 관심이 높다가 중·고등학교로 올라갈수록 주관이 커지는 아이와 대립하게 되고 결국 학원을 옮기는 과정만을 반복하며 시간을 낭비하고 실패하는 경우를 많이 보았다. 엄마가 선택한 학원에서 수동적으로 공부를 한 아이들은 자신에게 맞는 공부방법과 학원을 선택하고 이용하는 방법을 모른다. 내가 초등 3학년부터 중학교 친구들은 언제 학원을 옮기더라도 어디서든 스스로 학습하는 방법을 훈련해야 한다고 강조하는 이유이기도 하다.

나의 큰아이는 초등학교 때까지 학원 한번 다니지 않고도 전 과목 우수한 성적을 유지했다. 누누이 그것만으로 충분하지 않으니 공부습관을 길러야 한다고 이야기했지만 나의 말은 엄마의 말이기에 잔소리일 뿐이었다. 중학교 1학년 중간고사와 기말고사를 치르면서 수학이 머리만으로는 학습으로 다져진 연산력과 속도감을 따라갈 수 없다는 것을 느낀 것 같다. 시간 내에 풀지 못해 놓치는 문제가 많아지더니 결국은 학원을 보내달라고 스스로 이야기하기에 이른 것이다. 중이 제 머리 못 깎는다고 엄마와의 꾸준한 학습에는 한계가 있었다. 더군다나 바쁜 엄마 덕분에 초등 생활의 자유를 만끽했던 아이였기에 준비되지 않은 결함이 많았다. 책으로 다져진 이해력을 기반으로 초등학교 때까지는 잘 버텼지만, 중학생이 되어서는 스스로 훈련되지 않은 연산력 등의 한계를 느낀 것이다. 그렇게 본인이 원해서 선택한 학원을 중학교 과정 내내 열심히 다녔다. 지금은 고등학생이 되어 원하는 종합반 학원에서 수학을 공부하고 있다.

지금도 항상 강조하는 것은 부족한 부분 보충을 위해서는 늘 스스로 공부하는 시간을 확보해야 한다는 것이다. 그리고 현재 선생님과 공부하는 과정들이 본인과 잘 맞는지 스스로 점검하고 자주 물어봐야 한다. 학생과 맞지 않거나 필요없는 것은 과감히 조정하고 스스로 공부하는 시간을 확보하고 자기 주도적인 학습을 할 수 있도록 이끌어줘야 한다. 스스로 주인이 되어 자신만의 공부법을 확보하는 자기주도학습 과정 없이 중·고등학교를 졸업하면 대학교에서도, 그리고 직장 생활 중에도 스스로 결정하고 공부하는 방법을 터득하는 것이 어렵다.

대학만을 위해 목적의식 없이 공부하다가 대학교에 입학한 친구들은 공부의 목적을 찾지 못해 방황하는 경우가 종종 있다. 중2병보다 무서운 대2병은 학력이 좋은 소위 스카이를 다니는 친구들에게 더 많이 나타난다는 안타까운 통계가 이를 입증하는 셈이다. 때문에 부모들은 자신이 간과하는 사각지대가 무엇인지 파악하고, 초등학교 때부터 세심하게 살펴야 할 부분이 무엇인지 주관을 갖고 있어야 한다.

소규모의 교습소나 보습학원과 달리 대형학원의 경우, 선생님이 자주 바뀌기도 하고 많은 아이들이 함께 공부하다 보니 내 아이만의 상태와 성향을 파악하는데 어려움이 있다. 초등학생과 중학생의 경우, 수학만을 비교했을 때 레벨이 아주 높은 친구가 아니라면 아이와 잘 맞는 선생님과 환경의 학원을 꾸준히 다니는 것이 도움이 된다. 고등학생이 되면 스스로 비교 판단이 가능하다. 지금 학원의 선생님과 시스템이 본인과 잘 맞는지 선택하고 결정할 수 있도록 항상 예의주시해야 한다. 요즘의 아이들은 고등학생이 되어도 선택이란 걸 해본 적이 많지 않은 것 같다. 그러다 보니 현재 자신에게 필요한 과정을 스스로 파악하고 선택하는 능력이 많이 부족하다. 친구 따라 강남 간다고 그저 친구가 좋다는 학원 따라가거나 부모님이 선택해준 학원에서 수동적으로 학습을 하는 경우가 많다. 기초체력이 갖춰진 아이들은 감기에 걸려도 금방 낫듯이 요즘 아이들에게 필요한 것은 스스로 학습하려는 의지와 자신의 상태를 변별하는 능력이다.

EBS 프로그램 '공부의 신'에 나오는 전교 1등 친구들의 공통점은 최소의 학원과 자기주도학습 시간을 충분히 갖는다는 것이다. 그들은 스스로 꾸준히 여러 가지를 시도하고 자기만의 학습법을 찾아가는 과정을 거쳤기에 가능했다는 것을 알 수 있다.

나의 실패담을 잠깐 해보겠다. 현재 고1이 된 큰아들은 영어학습에 실패한 케이스다. 유아기부터 좋다는 비디오와 영어동화는 빠지지 않고 보여주고 들려주며 즐겁게 영어에 노출시키려고 노력했다. 초등학교 때는 학부모들이 좋다고 알려주는 어학원을 여기저기 바꿔가며 아들을 힘들게 했다. 다른 부분에서는 자유권을 허락하며 여유를 주었지만 유독 영어만큼은 그러지 못하고 아이를 힘들게 했다. 고등학교를 앞두고는 다져지지 않은 어휘력으로 힘들어하는 아이를 위해 과외처럼 수업하는 1:1학원에 보냈다. 화려한 경력과 실력을 겸비한 선생님이었지만, 문제는 큰아들이 그걸 받아들일 준비가 되지 않았다는 것이다. 세발자전거를 타야 하는 아이에게 고성능 두발 자전거는 아무런 의미가 없었다.

해야만 하는 일의 당위성은 하고 싶은 일의 즐거움을 이기지 못한다. 큰아들의 경우도 수학처럼 놀이로 접근하고 기다리며 조금 더 흥미롭게 또는 강력하게 습관을 잡아주었다면 지금 덜 힘들어하지 않을까 하는 후회를 하고 있다. 그러나 영어공부란 입시와 함께 끝이 나는 것이 아니기에 지금이라도 필요성과 중요성을 느끼고 즐거운 방법을 스스로 찾아가기를 믿고 기다리고 있다.

대부분의 엄마들은 조급해 한다. 학원을 보냈는데 왜 성적이 안 오르지? 옆집 엄마가 보낸다는 ○○학원이 더 낫지 않을까?

학원은 선택이다. 그러나 선택의 권위를 남용하는 동안 아이들은 선택권 없이 끌려다니며 시간을 낭비하게 된다. 물론 적절한 시기에 분위기를 바꿔주거나 상위 레벨로 올려주는 과정은 필요하다. 그러나 무엇보다 중요한 것은 아이의 상태, 학원의 상황, 아이의 의욕과 능동적이고 즐거운 학습 태도이다.

평생 해야 하는 공부, 그 필요성은 대체로 나이 들어 알게 되는 경우가 많다. 나 역시 느지막이 청소년 진로 강사를 준비했다. 너무나 하고 싶고 즐거운 공부임에도 일과 살림과 병행하려니 녹록지 않았던 기억이 있다. 더 늙기 전에 공부할 수 있음에 감사하자고 나 스스로를 다독였다. 그 과정을 아이들은 학창시절에 깨달을 수 있다면 얼마나 좋을까? 그 깨달음에 등불을 켜주는 것이 부모와 선생님의 역할이지 않을까?

지금부터라도 내 아이가 사각지대에 있지는 않은지 잘 살펴보자. 스스로 충분히 해낼 수 있는 힘을 주고 믿고 기다려야 한다. 아이에게 자율선택권을 주고 세상을 헤쳐나갈 힘을 키워야 한다. 사각지대도 인식하고 조심히 주행할 면허증도 허락하자. 스스로 경험하고 실패하고 다시 일어나는 아이들은 믿는 만큼 성장하게 된다.

수학적 발견의 원동력은 추론이 아니라 상상력이다. - 아우구스투스 드모르간

내 아이만큼은
수포자가
아니었으면

학원형? 과외형?

"선생님, 우리 아이는 학원형이 아닌가 봐요. 과외를 시켜야
할까요?"라고 묻는 학부모들이 있다. 과외는 금전적인 부담을 빼
면 모든 아이들에게 가장 좋은 학습법이라 생각하는 학부모들이
의외로 많은 것 같다. 그러나 아이의 성향에 따라 과외형과 학원
형이 나뉜다. 사실 수학학원을 다니지 않고도 수학뿐 아니라 전
과목의 공부를 잘하는 친구들이 있다. 대체로 고학년을 준비해야
한다고 느끼는 4학년쯤에 수학학원 상담을 오는 경우가 많다. 왜
4학년이 기준일까? 4학년이 되면 세 자리의 곱셈과 나눗셈으로
사칙연산이 거의 모두 완성되는 시기이기 때문일까? 수의 크기
가 조와 억대로 커지는 학년이어서일까?

4학년이 유치원부터 초등 저학년 개념과 연산의 연결고리가

탄탄히 준비되어야 올라올 수 있는 중요한 학년이라는 의견에는 동의한다. 그러나 결코 저학년을 만만히 보고 간과해서는 견고한 수학의 성을 쌓을 수 없다. 보통 수식의 기본 개념과 형식을 배우는 1학년을 놓치면 '='라는 기호가 등호라는 것도 모른 채 2학년에 올라가게 된다. '='를 모른 채 2학년이 되면 같지 않고 한쪽이 크거나 작다는 개념의 부등호 '>'를 이해하기 어렵게 된다. 부등호의 문제를 풀려면 등호의 수식관계가 기본이 되어야 한다. 때문에 수학을 계통학습, 단계별 계단식 학습이라고 부르는 것이다.

수학은 저학년 때 익힌 수식의 관계가 학년이 올라가면서 조금씩 더 확장되고 심화된다. 때문에 아래 학년의 개념이나 연산 등이 부족하면 다음 학년은 어려워질 수밖에 없다. 어려우면 재미가 없고, 재미가 없으니 싫어지고 그렇게 수학을 포기하는 악순환이 반복된다. 그렇다면 부족한 결함은 어떻게 채워야 할까? 가장 좋은 방법은 유아기 때부터 수학을 즐겁고 재미있게 실물과 실생활 속에서 관심을 갖고 호기심을 불러일으켜 주는 것이다. 저학년 때 최고의 과외선생님은 부모님이다. 저학년 때부터 실생활 속 숨어있는 수학을 찾는 재미와 흥미를 갖도록 이끌어주는 것이 최선의 방법이다.

"집중적으로 과외를 시키면 따라잡을 수 있을까요?" 그럴 수도 있지만 나무 한 그루에도 모양과 크기, 색깔이 다른 나뭇잎들이 어우러져 있듯 아이들마다 갖고 있는 성향에 따라 학원이 잘 맞는 친구, 과외형 공부 방법이 맞는 친구가 있다. 학원도 대형학원부터 보습학원, 공부방 느낌의 교습소 등 각자의 색깔과 강사의 지도 방식이 전부 다르기 때문에 우선은 내 아이의 상태와 성향을 정확히 파악하는 것이 중요하다.

아이의 성향을 파악하기 위한 여러 가지 방법 중 미국의 유명한 심리학 박사가 개발한 홀랜드 검사가 있다. 성격유형 검사인 홀랜드는 riasec이란 6가지 유형으로 직업군을 나누어 맞춤 진로를 결정하도록 돕는 심리검사다. 성향에 따라 진로방향이나 공부방법도 달라질 수 있기 때문에 아이들 지도를 위해 꽤나 유용한 진단 프로그램이다. 홀랜드 성격유형은 3장에서 조금 더 자세히 다루겠다. 아이의 성향을 파악하면 대형학원의 시스템과 소규모의 교습소 또는 과외 등 아이에게 맞는 학습환경을 선택하는 것이 훨씬 수월해진다.

첫 아이에 대한 기대와 로망, 잘 키워보려는 마음은 모든 대한민국 엄마들의 똑같은 마음일 것이다. '후회하면 늦는다' '시간의 힘을 따라가기는 어렵다'는 말은 잔소리에 불과했기에 지금도 초등학교 때 공부습관을 잡아주지 못한 것은 나 역시 후회 중이다. 큰아들의 또래 친구들 중 학원에서 초등학교 3학년 때부터 꾸준히 매일 공부를 함께 했던 친구들은 고등학생이 된 지금도 수학을 크게 어려워하지 않는다. 가랑비에 옷 젖듯 쌓인 시간의 힘이 연산력과 집중력, 속도감 등의 근육으로 다져져서 탄탄한 몸을 갖추었기 때문이다. 타고난 기초체력도 약한 녀석이라 애지중지 키웠던 것이 지금은 조금 아쉽다. 그러나 좀 더 엄격하게 공부습관과 환경을 만들어 주었다면 지금 좀 더 편안히 공부할 수 있을 텐데 하는 마음은 잠시 접어두려 한다. 덕분에 실패를 경험하며 스스로 의지를 갖고 공부하려는 지금이 가장 빠른 최선의 길임을 느끼고 열심히 할 수 있도록 응원하는 중이다.

항상 지금이 가장 중요하다. 지나간 시간은 후회해도 돌아오지 않는다. 많은 부모들이 공감하는 말 중 하나는 '다시 아이를 키운다면 정말 잘 키울 수 있을 것 같다'이다. 그러나 나는 여전히 자신이 없다. 어떤 아이가 태어날지 모르니까. 아이에게 맞는 성향과 역량에 따른 최적화된 선택이란 늘 어렵다. 그러나 부모만이 할 수 있는 위대한 일이기도 하다. 학원이든 과외든 가정학습이든 유대인이 학습의 달콤함을 알기 위해 공부하기 전 손등에 꿀을 발라주고 조금씩 핥아먹게 했다는 이야기처럼 수학 공부가 즐거울 수 있는 환경을 만들어 주는 것이 가장 중요하다. 오늘도 세상 하나뿐인 위대한 내 아이의 위대한 엄마가 되기 위해.

자연을 깊이 연구하는 것이 가장 비옥한 수학적 발견의 원천이다. - 조제프 프리에

내 아이만의 디자이너가 되라 1
수학 체형이 어떻게 되세요?

언제부터인가 1:1 개인 수준별 맞춤 학습이 중요한 브랜드 네임으로 자리 잡았다. 얼마 전 입학한 아이의 교복을 맞추러 유명하다는 브랜드를 찾아간 적이 있다. 교복을 맞춘다는 의미는 95와 100 중 상의를 고르고 허리 사이즈에 맞는 하의를 고른다. 예외가 되는 아주 크거나 작은 사이즈를 제외하고는 인터넷 쇼핑몰에서 옷을 사는 과정과 크게 다르지 않았다. 다행히 큰아들은 보통체격이라 기본 사이즈의 교복을 받아 바지 기장만 조금 수선했다. 여기서 어떤 것이 맞춤일까? 어디까지가 맞춤일까?

일단 맞춤학습 시스템에서는 수학의 5대 영역 중의 결함을 파악하고 지난 학년 연산과 개념의 레벨 테스트를 진행한다. 일반형인지, 예외형인지를 구분하는 과정이다. 자, 그럼 이제 기장을 수선할지 품을 조절할지 선택할 차례다. 아이가 어릴수록 아이의 체형과 그에 따른 장단점은 엄마들이 더 잘 알고 있다. '다리가 예쁘니 짧은 치마를 입히는 것이 좋겠다' '상체가 마른 편이니 한 치수 작은 사이즈를 입혀야겠다' 등. 나의 작은 딸도 유치원 때까지는 화려한 깔맞춤에도 방긋 등교했지만 초등학교 2학년부터는 본인이 원하는 스타일과 컬러에 대한 주장이 강해졌다.

수학도 패션과 같다. 어릴 때는 엄마의 주관과 스타일에 따라가지만 점점 아이는 자기가 가장 좋아하고, 자신의 체형에 맞는 옷을 선호하게 된다. 옷의 코디처럼 엄마는 내 아이의 수학 체형을 가장 잘 알고 있는 최고의 코디네이터이다. 기본기가 부족해서 연산력이 필요한지, 문제풀이는 빠르지만 대충 풀어 실수와 오답이 많은지, 문제를 이해하는 것을 어려워하는지, 풀이과정과 식 세우기를 힘들어하는지 등 다방면으로 보여지는 수학 체형을 파악해야 한다. 무조건 선생님에게 맡기기보다 상담을 통해 아이의 장단점을 파악하는 것이 중요하다. 아이의 향후 방향성과 어울리는 옷을 결정하는 것은 어렵지만 위대한 부모의 역할이기 때문이다.

다음으로 맞춤옷을 설계하는 것은 전문가인 선생님에게 맡기는 것이 좋다. 엄마가 수학 문제를 못 풀어서 학원을 보내는 것이 아니라 아이와의 좋은 유대관계를 위해 학원이란 플랫폼을 선택하고 활용하는 것이다. 수학의 단계와 과정으로 보자면 개념연산의 완성과 유형학습의 숙지란 속옷을 챙겨 입는 것과 같다. 이제 서술형과 심화학습의 옷을 입을 차례이다. 맞지 않는 옷을 입고 있으면 남의 옷을 빌려 입은 듯 불편하다. 마네킹이 입고 있는 예쁜 옷을 입기 위해 열심히 다이어트한 경험은 누구에게나 있을 것이다. 먹고 싶어도 참아야 하고, 쉬고 싶어도 운동을 해야 하듯이 아이들 또한 목표를 갖고 열심히 노력했을 때 서술형의 옷을 입을 수 있는 체형과 단계를 갖게 된다. 아직 준비되지 않은 아이에게 딱 맞는 옷은 숨 막히는 불편함을 준다. 결국 서술형이 수포자가 되는 지름길로 인도하게 된다. 요즘은 수학 교재가 단계별로 너무 잘 준비되어 있다. 내 아이에게 어울리는 단계의 옷을 선택하는 것은 아이가 한 학년을 소화하는데 교복을 맞추듯 꼭 필요한 과정이다. 중간중간 성장 과정에 맞춰 단계를 높여준다면 아이는 편안하게 학습에 임할 수 있다.

자연의 거대한 책은 수학적 기호들로 쓰여졌다. - 갈릴레오 갈릴레이

내 아이만의 디자이너가 되라 2
메타인지를 높이는 칭싸와 설싸

나는 일주일에 한 번뿐인 놀이 수학 수업 후 아이들의 사고력 시트와 보드게임 사진을 학부모 단톡방으로 전달한다. 보통 유치원과 초등 저학년은 논리적인 표현력이 부족한 시기이지만, 이때가 메타인지를 훈련시킬 수 있는 절호의 기회이기도 하다. 학부모들은 선생님께 받은 수업 중 사진과 아이의 워크지를 보면서 오늘 있었던 수업 내용을 아이에게 이야기해 보도록 하는 것이 좋다. 아이는 어려웠던 과정은 설명이 부족할 수도 있겠고, 게임에서 승리했거나 재미있었던 부분은 아마도 신나게 이야기할 것이다. 이 과정 속에서 논리적 표현력과 함께 스스로 아는 것과 모르는 것을 자동적으로 분류하게 된다. 이게 메타인지 훈련의 첫 번째 과정이다.

메타인지란 meta(한 단계 위)cognition(인식에 대한 인지)으로 생각을 생각하는 것, 자신이 알고 있는 것을 변별하고 조절하는 능력을 뜻한다. 홀랜드 유형과 함께 진로탐색 시 많이 적용되는 다중지능 심리검사 영역 중 성공자들에게 빠지지 않는 자아성찰 기능과 같은 맥락의 단어이다. 같은 양을 공부하고 똑같은 시험을 봐도 아이들의 성적이 차이가 나는 이유는 무엇일까? 단순히 지능의 차이일까?

아이들이 유치원에 다닐 때 선생님께 받은 메시지를 부모님께 그대로 전달해야 하는 미션을 숙제로 받은 경험이 있을 것이다. 일본에서는 공교육 과정으로 도입되어 유치원에서부터 시행하고 있는 메타인지 학습법이다. 내가 아는 것과 모르는 것을 효율적으로 구별하는 능력이다. 수학의 경우도 단원 하단부에 메타인지 측정메뉴가 포함된 문제집이 많이 있다. 뇌에는 작업기억상자라는 곳이 있어 일단 받아들인 정보를 저장해두었다가 해마라는 장기기억으로 옮겨진 후 밖으로 나가게 된다. 이 과정에서 아는 것과 모르는 것을 구별하는 작업과 스스로 개념을 정리하고 오답을 수정해 장기 기억으로 옮기는 과정은 필수적이다.

스스로 판단하고 진단하여 세밀하고 효율적인 학습방법을 선택하려면 어릴 때부터 이처럼 배운 것에 대한 각자의 성격에 따른 복습과정은 필수적이다. 여기서 중요한 것은 성향이다. 아이의 성향이 파악되었다면 적당한 학습법으로 동기부여를 시켜주어야 한다. 홀랜드 유형으로 본다면 현실형, 사회형, 진취형, 예술형의 아이는 행동하는 것을 좋아한다. 말하는 것도 좋아해서 설싸나 칭싸의 미션을 즐거워한다. 그러나 탐구형이나 관습형의 아이들은 조용한 친구들이 많기에 이끌어주지 않으면 설싸 미션이 어려울 수 있다. "오늘은 아빠 설싸를 받아볼까?"라며 재미있게 이야기를 꺼내보자. 표현이 아직 어려운 친구들에게는 정리할 수 있는 스케치북과 필기구로 그림을 그리며 스스로 정리하고 이야기하도록 이끌어주면 더욱 효과적이다. 가랑비에 옷 젖듯 조금씩 자기 표현력과 메타인지 훈련이 빛을 발하는 고학년이 다가온다. 학년이 올라갈수록 해야 하는 공부의 양은 자연스럽게 많아진다. 메타인지가 훈련된 친구들은 혼자서도 설싸, 칭싸의 과정을 거치며 탐색하고 재확인하며 독려하는 공부 시스템을 갖추게 된다. 오늘부터 가볍게 시작해보자. "학교에서 가장 재미있었던 수업은 뭐야?" 메타인지 학습이 시작된 것이다.

수학의 본질은 그 자유로움에 있다. - 게오르크 칸토어

열 두번 기절하는 선생님

새해 계획 리스트를 통계 내어보면 매년 1, 2, 3순위는 금연, 다이어트 그리고 영어공부이다. 마치 정해놓은 수학공식처럼 변하지 않는 순위가 참 재미있다. 학창시절 나는 영어공부가 꽤 재미있었다. 단어를 외우는 것도, 긴 지문을 독해하는 것도 나름 재미있어서 부모님께 학원 보내달라고 조르며 꽤 열심히 공부했던 기억이 있다. 중요한 건 재미는 있었지만 성적은 좋지 않았다는 것이다. 그러다 보니 점점 자신감도 없어지고 조금씩 흥미를 잃게 되어 지금은 스스로 영어 울렁증 있다고 표현할 만큼 영어와의 거리는 멀어졌다. 마트 가서 계산만 할 줄 알면 되지 머리 아픈 수학을 왜 배우냐고 하는 친구들 말처럼 외국 가서 살 것도 아니고 번역기만 있으면 되는데 영어에 왜 그렇게 집착해야 할까?

작년에 작은 딸에게 비슷한 질문을 한 적이 있다.

"독서모임에서 엄마 빼고 다들 영어 공부를 열심히 하는데 엄마만 안하니깐 도태되는 느낌이 들어. 근데 보고 싶은 책 실컷 볼 시간도 없는데, 영어 공부까지 해야 할까? 영어 공부 왜 해야 해?"라는 질문에 딸 아이의 답변은 꽤나 심플했다.

"엄마, 뭐 찾아보는 거 좋아하잖아. 궁금한 게 있을 때 네이버 검색하는 것보다 구글로 검색하면 훨씬 다양한 자료를 볼 수 있어. 영어를 알면 더 많은 세상을 보는 것과 같다고 할 수 있지." 딸은 웃으면서 덧붙였다.

"근데 그게 초등학생 딸에게 물어볼 질문이야? 내가 물어보고 엄마가 나처럼 대답해줘야지" 머쓱해진 나는 "그... 그건 그렇지. 우리 딸은 똑똑하니깐 영어공부 열심히 해서 더 큰 세상에서 소통하는 사람이 되자"

난 아마도 해야 할 이유보다 하지 말아야 할 핑계를 찾고 있던 것 같아 부끄러웠다. 우리 아이들도 나처럼 수학의 필요성을 느끼지 못한 채 그저 '해야 하니까' '시키니까' '왠지 안 하면 안 될 것 같으니까'란 이유로 의미 없는 공부를 하고 있었는지도 모르겠구나 하는 생각이 들었다.

학창시절 나의 영어공부처럼 아이들도 수학을 처음 배웠을 때는 재미있고 좋았던 기억이 더 많을지도 모른다. 지금 내가 요리하는 걸 좋아하지만 요리를 잘하지는 못하듯 좋아하는 일을 다 잘할 수는 없다. 초등학교 진로강의에 들어가서 "좋아하는 일과 잘하는 일 중 무엇이 직업이 되어야 할까요?"라고 질문하면 저학년일수록 많은 아이들이 "좋아하는 일이요"라고 대답한다. 그러면 난 어김없이 "선생님이 요리하는 걸 무척이나 좋아해요. 그런데 요리를 잘하지는 못해요. 하지만 나는 요리하는 걸 좋아하니까 분식집을 차리면 어떻게 될까요?" 모두들 깔깔거리며 입을 모아 하나의 대답을 외친다. "망해요!" 그렇다. 좋아하는 일을 잘 할수 있다면 금상첨화이지만 하나를 선택해야 한다면 남들보다 좀더 잘할 수 있는 일, 희소성을 가질 수 있는 일을 선택해야 한다.

그럼 의미를 찾지 못한 채 목적의식 없이 공부하는 아이들에게는 어떤 처방이 필요할까? 아이들도 마찬가지다. 우리 아이들이 어릴 때 나는 아이 둘을 양옆에 눕혀놓고 잠들기 전 동화책을 읽어줄 때가 세상에서 제일 행복했었다. 아이들은 일상 곳곳에 숨겨진 수학을 이야기해 줄 때도 호기심 가득한 눈을 반짝이며 귀를 기울였다. 어쩌면 초등학교 3학년 때까지 읽어주었던 책으로 배운 공부가 우리 아이들 학습의 바탕이 되었던 것 같다. 이처럼 공부란 재미있어야 한다.

"공부가, 수학이 어떻게 재미있을 수 있어?"라고 반문하는 사람들이 많을지도 모르겠다. "어떻게 아이가 수학을 재미있어 할 수 있을까요?" "유아기 때부터 주변을 관찰하고 사물과 상황에 호기심을 갖고 질문할 수 있도록 해주는 게 제일 좋지만 이미 고학년이 되어버린 아이들에게는 어떻게 해야 할까요?"

아이들을 재미 요소 다음으로 몰입하게 하는 힘은 성공의 경험과 하고 싶다는 마음이다. 저학년일수록 수준에 맞는 문제를 풀고 정답을 맞히는 경험이야말로 최고의 동기부여가 된다. 나는 하루에 열두 번도 넘게 깜짝 놀라 기절하는 척을 한다. 문제를 맞힌 아이에게 놀라움을 표현하는 나만의 액션이다. 모든 아이들은 어른인 우리와 마찬가지로 잘 하고 싶어 하고 인정받고 존중받고 싶어 한다. 나의 작은 몸짓만으로도 아이는 더 어려운 문제에 도전하는 동기부여를 얻게 된다. 그렇게 모르는 사이 조금씩 스스로 뿌듯함을 경험하고 한 계단 성장하는 아이들을 볼 수 있다는 뿌듯함은 나의 직업이 가진 큰 장점이다. 원동력이 될 수 있다면 오늘도 12번 아니 120번도 기절할 수 있다. 세상 하나뿐인 내 아이의 자신감을 위해 같이 기절해보는 것은 어떨까?

근본적인 수학탐구에는 마지막 종착점이 없으며 최초의 출발점도 없다. -펠릭스클라인

다시 태어나도 우리

영화 '다시 태어나도 우리'는 문창용 감독이 2009년 동양의학 다큐멘터리 촬영차 방문한 라다크에서 다섯 살짜리 동자승 앙뚜와 스승인 우르걈의 이야기를 담은 다큐멘터리 영화다. 문창용 감독은 앙뚜가 '린포체'라는 이름으로 불리며 스승 우르걈의 지극한 보살핌을 받는 모습을 무려 7년 동안 라다크를 오가며 촬영했다.

린포체란 전생에 티베트캄이라는 지역에서 승려로 살았던 기억을 떠올리는 앙뚜처럼 전생의 업을 잇기 위해 다시 환생한 사람을 뜻하는 용어로 살아있는 부처라 불리며 극진한 대접을 받는 존재다. 그러나 전생에 머물렀던 사원을 찾아가 고승이 되기 위한 공부를 마쳐야 하는 임무가 있다. '다시 태어나도 우리'는 앙뚜가 전생의 사원으로 갈 수 있도록 긴 여정을 동행하는 스승과 제자의 사연과 그 속에서 싹튼 우정을 그린다. 인생을 살아가면서 아이를 낳고 준비 없이 부모가 되어 엄마라는 이름의 정년이 보장되지 않는 직업의 길을 걷고 있는 지금, 그리고 앞으로도 걸어가야 할 이 길에서 나는 아들과 딸의 잠재된 린포체를 지켜줄 수 있는 진정한 스승인가를 되묻고 싶어질 때마다 이 영화를 떠올린다.

열 달 동안 뱃속에서 키워 낼 나의 아이가 '건강하게만 자라다오'라는 바람으로 시작된 육아는 아이가 뱃속에 있을 때가 제일 편했다는 말이 나올 만큼 어렵고 길고 힘겨운 직업임에 틀림이 없다. 나의 좌우명은 '한계는 없다'이고 일을 향하는 마음가짐은 '나로 인해 나일 수밖에 없는'이다. 누구도 해낼 수 없는 일, 내 아이의 재능을 찾아주고 세상으로 나아가는 여정에 우르갼 같은 스승의 역할을 해주는 일이란 그 어떤 직업과도 비교할 수 없을 만큼 위대한 일일 것이다.

그렇게 엄마가 되었고 2003년부터 나와의 긴 싸움을 하고 있다. 그 여정 속 돌아보면 즐거웠던 추억이 더 많이 떠오르지만 아이가 한 살 두 살 나이를 먹을수록 한 개 두 개씩 늘어가는 욕심에 점점 아이와의 관계도, 엄마의 역할도 힘들어졌다. 대학을 가기 위해 대학수학능력시험을 보아야 하듯 부모가 되기 위해 갖춰야 할 자격에 대한 시험이나 인증제도가 있으면 좋겠다는 막연한 생각이 든 것은 그때 즈음이었던 것 같다.

뱃속에서의 고요함과 행복이란 출산의 고통과 비명 속에 사라지고 준비되지 않은 엄마, 특히나 하고 싶은 일이 많았던 나의 경우 허니문 베이비로 덜컥 되어버린 엄마라는 이름에 적응하기까지 오랜 시간이 걸렸다. 모든 일정과 일상을 아이에게 맞춰야 했고 책을 읽거나 운동을 하는 작은 일상의 행복조차 '누린다'는 표현이 어울릴 만큼 아이를 키우는 일은 쉽지 않았다.

그러나 낙천적이고 긍정적인 성격인 나는 어느새 육아를 즐기게 되었고 큰아이가 6세 때까지 엄마로서 누릴 수 있는 많은 일을 하며 지냈다. 큰아이가 3세 때부터는 유치원에 보내는 시간을 이용해 큰아이 초등 입학 후 학원을 오픈하기 위해 많은 것들을 배우러 다녔고 그러면서도 아이와 즐길 수 있는 많은 체험 전시 등 사계절을 즐기고 누비며 참 행복했었다.

그렇게 큰아이가 초등학교에 입학했고, 계획대로 큰아이 2학년 때 학교 앞에 작은 교습소를 열게 되었다. 시작은 주변에서 흔하게 찾아볼 수 없는 보드게임으로 하는 사고력 수학 교습소였기에 시작부터 많은 아이들과 즐겁게 수업할 수 있었고 다음 해엔 엄마들의 요청으로 초등수학 프로그램을 함께 시작했다. 사실 교과 수학학원의 경험이 길었기에 점수에 일희일비해야 하는 교과과정의 수학학원은 하고 싶지 않았다. 부단히 노력해도 넘을 수 없는 벽의 한계를 알고 있었고, 시스템과 강사를 양성하여 진행하기엔 규모나 경제적인 여건이 맞지 않았기 때문이다. 그러나 호기 어린 마음으로 소규모의 아이들이기에 최선을 다해 사랑과 노력으로 이끌어주면 조금 시간이 더 걸릴 뿐 실력은 반드시 쌓인다는 믿음이 있었고 그렇게 놀이 수학도, 교과 수학도 안정적으로 자리를 잡아갔다.

정작 문제는 우리 집안에 있었다. 다시 태어나도 우리 부모자식으로 태어나자고 할 만큼 착하고 성실하고 멋진 아들이었지만, 운동을 좋아하고 활달한 엄마와는 반대의 성향으로 그 흔한 태권도 학원도, 저학년의 필수코스처럼 여겨지는 피아노와 미술학원도 오래 다니지 못했다. 너무 자유분방하게 놀러만 다닌 것은 아닌가 걱정도 되었고, 객관적으로 아이를 바라볼 수 있는 학원 선생님의 입장과는 달리 주관적으로만 바라보는 나의 큰아들은 조용하고 착하지만 엄마의 속을 새까맣게 태우는 아이였다.

전문분야이다 보니 쉽게 다른 학원으로 보내지도 못했고, 즐겁게 공부하길 바라는 마음에 습관을 길러줘야 하는 시기를 놓치고 많이 풀어주며 키웠던 것 같다. 다행히 어릴 때부터 책과 보드게임을 접했던 게 도움이 되었는지 교과를 따라가는 건 어렵지 않았지만, 중학교 때 스스로 인정하며 학원을 보내달라고 할 만큼 기본기가 부족했다. '늦었다고 느낄 때가 가장 빠른 때'라고 '그래, 지금부터라도 열심히 하면 돼'라는 말로 위로해주었지만 이미 긴 세월 습관이 잡힌 친구들과 경쟁하기는 어려웠던 것 같다. 지금도 그 부분이 제일 미안하다. 그래서 올해 중학교에 입학한 딸아이는 조금 더 세심하고 엄격하게 챙기려고 하지만 그 또한 사춘기를 지내며 자아가 커지고 있는 아이와 타협과 협의점을 찾아 스스로 공부하게 한다는 것이 참 힘든 일이라는 것을 절감하고 있다.

다시 태어난다면 그래도 우리 아이들의 엄마로 태어나고 싶지만 자유롭게 공부하며 탐구하고 호기심 가득히 더 큰 세상을 궁금해 하는 공부를 할 수 있는 환경을 제공하고 싶다는 게 제일 큰 바람이다. 그게 어려운 한국에서 다시 엄마가 되어야 한다면 그때는 좋은 선생님께 아이를 부탁하고 선생님과 엄마, 아이가 정삼각형의 구도를 이루며 인생의 수레바퀴를 어렵지 않게 잘 굴러가게 하는 기름 역할을 하고 싶다.

요즘엔 교과과정을 못 풀어서 아이를 학원에 보내는 학부모님은 거의 없다. 수학 공부만 하려 하면 아이와 싸우게 되는 상황에서 벗어나고 싶은 부모님과 조금 더 실력을 향상시키고 싶은 부모님들이 학원을 찾는 것이다. 나는 열정의 선생님으로는 성공했지만, 현명한 엄마는 못되었던 것 같다. 체험과 전시를 최대한 많이 데리고 다닌 것과 연산 문제집보다 보드게임으로 즐겁게 사고하는 수학을 위해 많이 놀아준 두 가지 외에는 오히려 부족함 투성이 육아였던 것 같아 늘 미안하다. 그래도 건강히 잘 자라주어서 고맙다.

혼자 가면 멀리갈 수 없고 생각하며 살지 않으면 사는 대로 생각하게 된다. 육아라는 긴 마라톤을 함께 갈 수 있는 조력자로 멘토샘을 만나게 해주는 것이 엄마의 큰 미션이라는 것을 그때 알았으면 좋았을 텐데. 그렇게 엄마로서 줄 수 없던 생각주머니를 조금 더 키워줄 수 있는 기회를 주었더라면 하는 아쉬움이 늘 남는다. 그래도 늦었다고 생각했을 때가 제일 빠르다는 것을 믿고 최선을 다하려고 한다. 다시 태어나도 우리 엄마와 아들딸 하자. 아들딸 사랑하고 응원한다. 나는 이루지 못한 부족함을 채울 수 있는 즐겁고 유익한 수학의 비결을 많은 학부모들이 나의 경험을 통해 가져갈 수 있으면 좋겠다.

다른 모든 것과 마찬가지로 수학적 이론에서도 아름다움을 느낄 수 있지만 설명할 수는 없다. – 아서 케일리

당신은 돼지엄마입니까?

막강한 정보력으로 다른 엄마들을 새끼 데리고 다니듯 이끈다는 의미의 신조어 '돼지 엄마'. 얼마 전 시청자들의 많은 공감을 얻으며 종영한 드라마 '스카이 캐슬'의 주 무대인 강남, 대치동에서 볼 수 있다. 사교육 시장은 IMF급 경기 불황에도 절대 죽지 않는 사업이라 돼지엄마들은 자녀교육을 위해 모아둔 정보로 직접 학원을 차리기도 한다. 엄마의 정보력과 할아버지의 재력이 대학의 당락을 좌우한다는 말이 속담처럼 정석화된 지 오래지만 아직도 개천에서 용 난다는 말을 믿고 싶은 서민이 더 많은 게 현실이다. 언제쯤 대학의 당락 여부가 아이의 진정한 실력과 정비례하는 시대가 올까? 아이의 진정한 실력이란 무엇일까?

시간당 몇 백 만원의 수업료를 내야 하는 1급의 대치동 스타강사에게서만 내 아이의 진정성이 발휘된다는 건 참 씁쓸하고 슬픈 현실이다. 물론 경험이 많은 좋은 강사에게 수업을 받는 것이 학습적으로 도움이 되는 것은 사실이지만 공부도 마찬가지로 삶의 모든 일에는 기본이 제일 중요하다. 아이들 진로교육 강의를 가면 꼭 빠트리지 않고 들려주는 이야기가 있다. 이영표 선수의 성공 스토리다. 이름 석 자만 들어도 누구나 알 수 있는 유명한 축구선수인 이영표 선수가 피나는 노력 끝에 해외 진출과 성공이라는 두 글자를 얻고 보니 삶이 무척 허망했다는 인터뷰 영상이다.

"저 산꼭대기에 올라가면 행복하다 하여 죽을 힘을 다해 올라가 보니 제가 생각했던 행복은 없었습니다. 그 이유는 그저 성공이라는 산의 꼭대기에만 집중했기 때문입니다. 성공 앞에는 ○○○성공처럼 반드시 본인이 의미와 재미를 찾을 수 있는 동기부여가 되는 형용사가 포함되어 있어야 합니다. 저는 다시 축구선수가 된다면 행복한 성공을 위해 오르막길 주변에 들꽃과 나무도 살피며 진정 행복한 성공을 이루고 싶습니다."

나의 열 마디, 백 마디의 강의보다 임팩트 있는 이영표 선수의 3분 인터뷰 영상은 볼 때마다 마음을 새롭게 다지게 한다.

아이가 대학에 입학만 하면 모든 인생은 서울대의 퀄리티를 갖게 될까? 스카이캐슬 그 이상급의 부자들에게 명문대 입학은 기부금만으로도 가능한 아주 수월한 일일지도 모른다. 서민들이 듣기에는 억울한 말이지만 사실 아이들이 대학에 입학하고 고등학교 때보다 훨씬 더 방황하고 힘들어하는 경우가 많다. 돼지엄마가 걸어준 진주목걸이는 본인이 원해서 얻은 것이 아니기 때문이다. 스타 강사를 찾는 열정으로 내 아이의 적성과 흥미에 맞는 직업과 학과 그리고 내 아이가 진정 원하는 무언가에 관심과 에너지를 쏟았다면 적어도 많은 아이들이 대2병으로 고생하거나 '스카이 캐슬'이란 드라마가 성공적인 공감을 얻는 일은 없었을 것이다.

초등학교 때부터 진지하게 의논하고 탐구하며 내가 좋아하는 일과 잘하는 일을 고민한 친구들은 설령 성적이 좋지 않더라도 부모님도 아이들도 불안해하거나 우울해하지 않는다. 행복은 성적순이 아니라는 걸 알고 있기 때문이다. 그럼 공부를 아주 잘하는 아이는 행복할까? 이 또한 경우에 따라 다르다는 것이 모순이다. 행복이 성적순이라면 공부를 잘하는 모든 아이들은 행복해야 하지 않을까? 아이들도 어른들도 하고 싶은 일을 할 때 행복하다. 하고 싶은 일이 무엇인지 모르는 게 문제다. 해야 하는 일들로 젊은 시절을 아이들과 남편을 위해 바치고 나서 해야 하는 일이 없어지면 정작 하고 싶었던 일은 무엇이었는지조차 생각이 나지 않는 돼지엄마.

기대가 많으면 실망이 큰 법. 그 기대를 나에게로 향했을 때 오는 실망을 온전히 바라보고 극복하는 과정을 보여준다면 아이들은 돼지엄마의 1급 강의가 가르쳐 주는 것보다 훨씬 더 많은 걸 배우게 될지도 모른다. 부모의 뒷모습과 그림자를 보며 커가는 우리 아이들에게 "공부해야 돼. 공부해야지"의 돼지가 아닌 복을 불러오고 로또를 사게 하는 희망의 돼지꿈을 꾸는 돼지꿈 엄마가 되도록 노력해보자.

진실은 복잡함이란 혼란속에 있지않고 언제나 단순함 속에서 찾을 수 있다. - 아이작 뉴턴

내 아이만큼은
수포자가 아니었으면

2장

수포자에서
수애자 되기

한약 먹자

"엄마, 수학은 왜 공부해야 해?"

수학은 왜 공부해야 할까? 어린 연령의 아이들일수록 대답이 긍정적이다.

"똑똑해지려고요" "훌륭한 사람이 되려고요" 등의 답이 많이 나온다. 반면, 학년이 올라갈수록 답은 한두 개로 좁혀진다.

"대학에 가기 위해서요" "해야 하니까요"란 대답은 들을 때마다 가슴이 아프다. "재미있으니까요"라는 대답은 유치원 아이들을 제외하곤 듣기 어려운 대답이 되어 버렸다.

그럼 어머니들에게 물어보자.

"왜 아이가 수학을 잘하기를 바라시나요?"

나에게 물어보았던 적이 있다. 이 책을 쓰고 있는 나 역시 아이의 좋은 성적과 편한 진로를 위해서라는 답에서 크게 벗어나지 않았다. 사실은 그게 제일 불편한 진실이다. 포장된 말은 "합리적이고 논리적인 생각을 하며 문제 해결력이 좋은 아이가 되길 바라서요"이겠지만 어떤 부모님도 아이의 질문에 이렇게 대답하지 않을 것 같다.

궁극의 원대한 목적을 위해 지금의 고단함을 참는 자에게는 목적에 이르는 여정 또한 즐거울 수밖에 없다. 파란 하늘에 그림 같은 꿈과 원대한 청사진이 마음속에 확고히 그려져 있기 때문이다. 반면 대학을 위해, 시험 성적만을 위해 공부하는 친구들은 공부 자체에 흥미를 갖기 어렵다. 공부 본연의 매력을 느낄 여유도 없이 기계적으로 머리가 닫힌 학습을 하기 때문이다.

나의 놀이 수학의 시작은 여기서부터였다. 결혼 전 20대부터 시작한 수학 강사의 일로 이미 지치고 수학을 싫어하는 많은 아이들을 보았기에 결혼을 하고 아이를 낳으면 수학만큼은 재미있게 가르쳐주리라 다짐했다. 그리고 교구와 보드게임, 다양한 퍼즐 등을 연구하고 준비했다. 지금은 그때 나의 선택이 정말 옳았다고 생각한다.

봄, 가을 찬바람이 불기 시작하면 많은 부모님들이 건강을 생각해서 아이들에게 한약을 지어주신다. 놀이 수학이란 교과 수학을 즐겁게 공부할 수 있도록 먹여주는 한약과도 같다. 당장 눈에 보이지 않지만 감기에 자주 걸리는 계절에 빛을 발하는 한약의 효능처럼 학년이 올라가고 수학이 점점 어렵다고 느껴질 때즈음 다양하게 길러주는 힘이 발휘된다. 나는 3, 4학년 때 수학에 자신이 없어지고 어렵다는 이야기를 많이 들었다. 이 시기를 놓치면 5, 6학년 때 수학을 포기하는 아이들이 하나 둘 늘어나게 된다.

중학교 과정과 직결되는 단원이 많은 5, 6학년에는 3, 4학년 때 익힌 이해력, 연산력 등을 바탕으로 본격적으로 상급학년을 준비하는 심화 유형학습까지 마무리해야 중학교 과정을 수월하게 시작할 수 있다. 더 이상 어려운 수학, 지겨운 수학이 아닌 쉽고 재미있고 편한 수학, 수학적으로 생각하는 힘을 키우는 수학, 일상 속에 숨겨진 보석같은 수학 이야기를 들려주고자 한다.

수학은 인종이나 지리적 경계를 모르기에 수학이란 문화를 지닌 세계는 모두 한 나라다.
- 다비트 힐베르트

내 아이만큼은
수포자가
아니었으면

5 이름이 뭐예요?

중등 수학클리닉으로 교과 수학을 따라가기 어려운 소수의 중학생들을 대상으로 강의를 해보면 하나같이 공통점이 있다. 초등학교 때 배운 기본 개념에 대한 기본기가 부족하다는 것이다. 중학교 입학 후 1학기에는 소수와 합성수, 정수와 유리수, 문자와 식, 그리고 1차 방정식을 배운다. 수학의 5대 영역으로 보자면 수와 연산 그리고 문자와 식에 해당하는 부분이다. 그러나 이 모든 개념은 초등학교 5학년 때 배운 약수와 배수, 최대공약수와 최소공배수를 기본으로 한다. 초등학교 때 배운 약수의 개념이 소수와 합성수로 나뉘고, 자연수에서 양의 정수와 음의 정수로, 소수와 분수가 다시 유리수의 개념으로 확장되는 연결고리를 갖는 것이다. 초등학교 때 어떤 수로 배웠던 부분을 중학교 1학년이 되어서는 미지항x로 방정식을 배운다. 중학교 2학년이 되면서 연립방정식으로, 3학년으로 올라가면 2차방정식과 근의 공식을 배운다. 이를 기반으로 고등학교 1학년이 되면 수의 영역은 3차방정식과 복소수로까지 확장된다.

　조금 다른 이야기지만 수학의 개념 용어의 의미와 연결된 이야기를 해보자. 중 · 고등학교 진로특강을 가기 전 나는 반드시 담임선생님께 학생들 본인 이름의 한자어 뜻 숙제를 미리 내어주십사 부탁한다. 고등학생조차도 자기 이름의 의미를 모르는 친구들이 꽤 많다.

　"너희들 아이 안 낳아봤지? 열 달을 배 아파 낳은 아이가 평생 불릴 이름이기에 부모님은 어떤 의미를 담아야 할지 무척 고민 많이 하셨을 거야. 오늘부터라도 이름의 의미를 실천할 수 있는 우리가 되자"

　매일 함께 생활하며 하루에도 몇 번씩 불렸던 나의 이름과 불러준 친구 이름의 의미를 알게 되면 많은 아이들은 신기해한다. 같은 〈지〉자라 해도 지환이의 지는 '뜻'을 의미하고 지승이의 지는 '지혜'를 의미한다. 이처럼 이름에 부모님의 깊은 고민이 들어 있듯 수학의 모든 개념에도 고유한 의미가 들어있다.

　정사각형은 각이 4개 있는 도형이란 의미이고, 주사위 모양의 정육면체는 정사각형 6개가 모여 만들어진 세울 수 있는 입체도형이란 뜻을 갖고 있다. 아이들과 수업할 때 처음 만나는 친구들을 소개하면서 송윤호와 한아름을 한윤호나 송아름 또는 송윤름이나 한아호라고 바꿔 불러보게 하면 아이들은 너무 재미있지만 절대 안 된다며 까르르 웃는다. 마찬가지로 '정사각체' 혹은 '정육면형'이라고 하지 않는 이유를 이렇게 의미로 배우면 절대 잊을 수 없다.

왜 그럴까? 재미있기 때문이다. 뇌는 재미있는 일과 슬픈 일을 오래 기억한다. 어린 연령일수록 뇌가 스트레스 받지 않고 생각 부분의 전두엽이 덜 발달되어 인지도 빠를 뿐만 아니라 재미있게 배운 내용은 해마에 오래 저장하는 것이다. 유치원 때 놀이수학에서 즐겁게 배웠던 도형 개념을 고학년이 되어서도 기억하는 걸 보면 다른 과목도 그렇겠지만 수학에서의 재미학습이란 필수불가결한 요소라 할 수 있다.

학교에 입학하기 전 실물로 도형을 만나고 이름을 배우며, 크기를 비교하고 경험과 연결하여 창의적인 작품을 만들어내고 동화로 나만의 이야기를 꾸미는 가베 수업은 수학을 재미있게 배울 수 있는 아주 좋은 방법이다.

초등 저학년이 지났더라도 암기식 학습이 아닌 수학 용어의 본질적인 뜻을 익히는 형태의 수업은 앞으로 중고등학년을 대비하기 위해서라도 꼭 필요하다. 4학년 때 도형 이름의 의미와 특징을 익힌 후, 5학년 때 도형의 넓이와 둘레를 배우는 식의 계단식 학습법이 이뤄지기 위해서는 처음 배우는 용어의 이해가 중요하다. 때문에 도형의 기본 개념을 처음 배우는 초등학교 4학년 때 암기식으로 학습을 하게 되면 중학교 때 확장되는 도형의 심화학습을 따라가기 어렵게 된다.

5학년 때 배우는 도형 넓이와 관련된 모든 공식 또한 직사각형을 기본으로 이해하면 외우지 않아도 언제든지 이해한 개념으로 꺼내어 쓸 수 있다. 예를 들어, 삼각형 공식은 밑변 곱하기 높이 나누기 2이다. 직사각형을 둘로 나누어 삼각형이 만들어졌다고 이해하면 직사각형의 넓이 구하는 공식인 '가로 곱하기 세로를 나누기 2 해준다'라는 개념을 외울 필요가 없는 원리이다.

지난 학년의 결함을 가진 아이들이 자주 하는 말이 있다. "선생님 까먹었어요" 수학은 반복이 필수인 과목이다. 개념을 이해했다면 속도와 정확도를 위해 훈련으로 익히는 시간도 반드시 필요하다. 김연아 선수가 한 동작을 완성하기까지 수 없는 넘어짐을 반복한 것을 생각해보면 수학의 반복 학습은 너무나 당연한 과정일 수 있다.

수학은 암기과목이라고 하는 사람들이 꽤 있다. 완전히 틀린 말은 아니지만 무조건 암기식으로 공식을 외우고 반복 학습으로 시험을 대비한다면, 유형이 조금만 바뀌어도 당황하거나 문제를 해결하지 못한다. 마찬가지로 서술형이나 이해력을 요구하는 문제 유형은 자연스레 포기하게 되고, 수학은 점점 어려워지는 악순환이 반복된다.

때문에 암기 이전에 이해가 선행되어야 한다. 학교에서 개념을 완전히 이해하지 못했다면 관련 수학동화나 동영상 학습을 통해 즐겁게 반복하며 완전히 개념을 내 것으로 만들어 설명할 수 있어야 한다. 동영상 학습이나 수학동화로 개념을 배운 후 반드시 마인드맵이나^(저학년은 그림일기도 괜찮다) 개념노트에 배운 내용을 정리해 보는 과정으로 복습하고 확인을 해야 한다. 눈으로만 보는 것과 직접 쓰는 것, 그리고 말로 설명해 보는 것의 학습 차이는 상당하다. 연산과 유형 학습의 문제는 잘 풀면서 개념을 확인하는 문제는 많은 아이들이 어려워하고 실수가 잦다. 개념에 대한 확실한 인지 없이 바로 문제풀이로 들어가기 때문이다. 영상 학습이나 선생님의 수업을 통해 듣고 익힌 개념을 스스로 정리하고 말로 설명하는 과정은 개념이해와 인지의 필수요소이다.

나는 되도록 한자어 풀이와 용어설명이 되어 있는 문제집으로 방학 중 선행개념의 진도 수업을 진행한다. 개념노트에 오늘 배운 내용을 정리하는 것이 필수 숙제였다. 오답노트를 정리하기 전에 오답이 나오지 않도록 하기 위해서다.

학원과 영상학습의 가장 큰 단점은 쉽게 배운 만큼 쉽게 잊혀 진다는 것이다. 재미있게 잘 요약된 동영상으로 설명을 듣고 나 면 다 알게 된 것 같지만 막상 문제를 풀려고 하면 다시 막막해진 다. 완전히 이해하지 못했기 때문이다. 내가 아는 것과 모르는 것 을 정확히 구별할 줄 아는 능력인 메타인지 훈련은 비단 수학뿐 아니라 모든 과목의 학습 효율성을 높이는데 필수적인 방법이다. 개념을 확실히 알고 연산 다지기가 끝난 다음 단계는 유형학습으 로 오답 강화와 심화 서술이다. 이유식을 막 시작한 아이에게 몸 에 좋다고 잔치 음식을 먹이면 어떻게 될까? 단계별로 차근차근 쌓아 올린 탑이 무너지지 않는 법이다.

지금부터라도 이번 학기 배워야 할 개념과 지난 학기 배웠던 개념에 대한 개념노트를 만들어보자.

수학은 새로운 감각과 같은 무언가를 부여하는 것 같다. – 찰스 다윈

내 아이만큼은
수포자가
아니었으면

5 www.한아름

진로 강의를 가서 새로운 친구들을 만나면 나는 제일 먼저 친구들과 함께 회장님 명판을 만든다. 한자어의 의미를 포함한 '(기쁠)희 (근원)원: 기쁨의 근원이 되는 희원입니다'와 같이 형용사 형태로 작성한다. 그리고 강의를 통해 새롭게 태어날 나만의 주소를 'www.한아름'의 형태로 만든다. 'w:who, w:what, w:why －누가 무엇을 왜 하는가?'라는 의미로 이는 어떤 주제이든 나의 모든 강의의 시작점이다.

나는 초등학교 6학년 때 3살, 4살 터울의 동생 둘을 데리고 천안 외숙모 댁에 간적이 있다. 별로 어렵지 않을 거라 생각했는데 가는 내내 동생들에 대한 책임감은 나를 무겁게 짓눌렀다. 외숙모 댁에 도착하니 너무 홀가분했던 기억이 있다. 엄마가 나에게 주신 숙제는 천안 외숙모 댁까지 동생들을 잘 데리고 가는 것이었다. 그 숙제를 하고 나니 너무 홀가분했던 게 아니었을까? 누가 무엇을 위해 왜 움직이는지를 직접 느껴볼 수 있었던 최초의 경험이었다.

www.한아름에서 첫 w는 who 누구인가이다. 수학을 배우는 주체가 나인지, 엄마인지, 선생님인지 종종 나 자신이 주체가 되지 않은 채 목적과 목표 없이 공부하는 친구들을 보게 된다. 주인공은 나 자신이어야 한다. 두 번째 w는 what 무엇이다. 여기서 무엇이란 수학, 영어, 국어 등의 과목이 아니다. '누구를 위해, 무엇을 위해 종을 울리나?' 내가 공부를 해야 하는 목표와 대상을 의미한다. 그 대상을 이루기 위한 과정이 공부이며 과목이고 학교, 학원이 되어야 한다. 세 번째 마지막 w는 why 왜이다. why가 없는 what은 목적지가 없는 내비게이션이나 방향을 잃고 헤매는 사막의 낙타와 같다고 표현한다.

이 도메인 주소는 학부모들에게도 적용된다. 내가 왜 무엇을 위해 아이에게 수학을 공부시키는지, 함께 나아가고자 하는 목표는 무엇인지. 단원평가 100점 맞기, 경시대회 수상하기 등의 목표는 단기적인 성취감으로 끝난다. 좀 더 장기적인 목표가 없기 때문에 좋은 성적으로 원하는 대학에 입학하고도 진로문제로 학교를 자퇴하거나 대2병 등으로 고민하는 친구들이 많은 이유이기도 하다.

자유학기제 등이 도입되면서 꿈과 진로를 빨리 찾는 게 좋다고들 한다. 그러나 대체로 많은 친구들은 자기의 꿈이 무엇인지 모른다. 꿈과 진로는 아이들에게만 적용되는 질문일까? 한참 공부해야 할 고1, 중1 청소년이 둘이나 있는 우리 집에서 제일 열심히 공부하는 사람은 바로 엄마인 나이다. 아이 둘도 인정할 만큼 나는 공부를 좋아한다. 학창시절에도 정말 열심히 공부했지만 성적으로 보이는 결과는 썩 좋지 않아 좌절도 많았다. 그러나 나의 경험에 비춰 자신있게 이야기할 수 있는 것은 결과를 떠나 성실한 태도는 반드시 결실을 맺는다는 것이다.

꿈이 클 필요는 없다. 아이는 부모의 뒷모습을 보고 자란다. 내 인생의 목표를 정하고 목표를 함께 이뤄가는 삶이야 말로 금수저로 낳아주지 못하고 부족한 게 많은 엄마인 내가 아이들에게 물려줄 수 있는 최고의 선물이 아닐까? 오늘 아이들과 함께 내 인생의 도메인 주소를 만들어보자. 아이들은 부모님의 뒷모습을 보고 오늘도 성장하고 있다.

나는 똑똑한 것이 아니라 단지 문제를 더 오랫동안 연구할 뿐이다. - 아인슈타인

닭이 먼저일까? 달걀이 먼저일까?

개념이 먼저일까? 연산훈련이 먼저일까? 나는 단순 암기식의 연산훈련을 싫어한다. 10이하의 가르기, 모으기나 덧셈 뺄셈도 주사위를 이용해 가르쳤고, 곱셈과 나눗셈도 주사위의 개수를 늘리며 익히도록 지도했다. 주사위를 통해 개념을 배웠다면 연산을 풀어야 숨겨진 그림을 찾을 수 있는 가로세로형 퍼즐교재로 반복학습을 하게 했다. 더하기 1을 외울 때까지 풀어야 하는 지루한 시간에 수학동화를 읽으며 생각하는 힘을 키워주는 게 훨씬 효과적이기 때문이다.

"선생님 연산이 중요하지요? 무슨 교재가 좋을까요?" 저학년 어머니들이 가장 많이 하는 질문 중 하나이다.

"중요합니다. 특히 연산은 저학년 때 습관이 잡히지 않고 시기를 놓치면 학년이 올라가면서 계속 발목을 잡아 성장에 방해가 됩니다. 별거 아닌 듯하지만 매우 중요한 부분입니다. 그러나 조심하셔야 할 부분이 있습니다."

수학을 좋아하고 자신감 넘치는 똑순이 연서는 어릴 때부터 연산을 시작해 초등학교 1학년 때 이미 구구단을 모두 외웠다. 연산은 제일 빨랐지만 개념 혹은 실생활을 다룬 서술형 문제는 어려워했다. 연산이 빠르고 정확한 것도 중요하지만 $2 \times 3 = 2+2+2$ 라는 원리와 수학적 개념인지가 탄탄히 다져지지 않았기 때문에 $2 \times 3 = 2 \times \square + 2$ 정도의 개념 응용문제를 이해하지 못하고 처음 배우는 것처럼 어려워했던 것이다.

이럴 경우 적절한 처방이 중요하다. 연서의 경우 한 단계 낮은 사고력 연산 교재로 단순 연산식의 문제에서 벗어나 생각하는 힘을 키우는 학습법이 가장 적절한 처방전이었다.

연산뿐 아니라 어머니들은 쎈수학, 1031 최고수학 등 어려운 문제집을 선호한다. 학원에서는 상위권 문제집의 경우 방학 중 복습의 과정에서 심화로 다루고 있다. 학기 중에 심화학습을 원하는 경우 반 학년 아래 지난 학기에 배웠던 과정으로 진행하기를 추천한다. 이미 학교에서 단원평가 등을 본 상태인 지난 학년 과정은 아이들에게 쉽게 접근할 수 있다. 그럼에도 심화유형문제는 어려운 요소가 많다. 방학 동안 스스로 지난 학년의 결함을 찾아보고 쉬운 단원의 어려운 서술심화 유형을 통해 수학적으로 생각하는 힘을 키우는 훈련을 하는 것이 좋다.

곱셈의 경우, 기본 개념원리가 흔들리면 3, 4학년에서 곱셈과 나눗셈을 함께 배울 때 곱셈 문제인지 나눗셈 문제인지조차 파악하기 힘들어질 수 있다. 덧셈을 여러 번 해야 하는 수고스러움을 간단히 하기 위해 곱셈의 개념이 나왔고, 마찬가지로 뺄셈을 여러 번 해야 하는 복잡함을 줄이기 위해 나눗셈 개념이 나왔다는 기본원리를 알아야 사칙연산의 기본이 완성된다. 더불어 문제가 원하는 연산식을 정확히 이끌어내는 데에는 이해력이 바탕되어야 한다. 생각하는 힘을 필요로 하기 때문에 대체로 많은 아이들이 서술형을 두려워하고 싫어한다. 직관적으로 문제해결이 어렵기 때문이다. 연산과 더불어 수학동화 등을 통해 이해하는 힘을 키워줘야 하는 게 중요한 이유이기도 하다.

서술형은 대부분의 어머니들이 갖고 있는 고민거리다. 그렇다고 준비 안 된 친구에게 사고력을 요구하는 연산교재를 진행시키면 이제 막 자전거를 배운 친구에게 바로 두발 자전거를 들이민 경우와 비슷하다. 자전거를 타는 재미를 충분히 알고, 두렵지만 두발 자전거를 탈 준비가 되었을 때 도전해야 더욱 쉽고 재미있게 접근할 수 있다. 그러나 기본 연산인 덧셈과 뺄셈도 완성되지 않은 친구에게 사고력을 요구하는 문제집은 수학의 재미와 흥미를 떨어뜨리는 지름길이다. 수학은 쉬워야 한다. 그래야 재미가 붙고 스스로 하게 되며, 스스로 하다 보면 욕심이 생기고 한 단계씩 성장하게 된다. 엄마의 지나친 욕심으로 아이를 수학에서 멀어지게 하는 것은 아닌지, 내 아이의 현재 수준이 어느 정도인지를 정확히 파악하는 것이 어머니와 선생님의 최우선 역할이다. 닭이 먼저든, 달걀이 먼저든 연산과 개념은 손잡고 앞서거니 뒤서거니 함께 가야할 길동무이다. 연산훈련에만 치중하다 보면 정작 중요한 개념이 무너질 수도 있음을 기억해야 한다.

지금의 선택이 미래의 확률을 결정한다. - 블레즈 파스칼

미술작품 속 수학 찾기

"수학을 왜 배워야 해요? 편의점 가서 계산만 잘하면 되지 않아요?"

고학년 중에도 이런 질문을 하는 아이들이 꽤 있다. 대체로 하고 싶어서 하는 일이라기 보다 시켜서 하는 일 또는 해야 하는 일이라는 생각으로 수학을 접근하기 때문인 것 같다. 사회에서 마을과 공동체를 배울 때는 직접 마을에 나가 탐색도 해보고 친구들과 공공기관에 대해 인터뷰도 하고 지도도 만들어보는 야외학습을 하기도 한다. 국어 시간에 소통과 배려를 배울 때는 모둠별로 왕따를 주제로 작은 연극을 만들어 대본도 써보고 함께 공연을 해본다면 배움이라는 게 즐거운 일임을 느낄 수 있지 않을까? 그러나 일반 공교육은 본인 의지와는 관계없이 획일화된 공부를 하게 된다. 이것이 수학은 계산만 할 줄 알면 되지 않냐는 반감어린 질문을 만들어내는 원인인 것 같다.

국어와 영어를 잘하는 친구가 수학을 못 할 수는 있지만, 수학을 잘하는 친구가 국어, 영어를 못 하는 경우는 흔하지 않다. 그 이유는 어휘력과 이해력만 바탕이 되면 충분한 학습이 가능한 언어영역과 달리 수학은 이해력을 바탕으로 문제 해결을 위한 논리력과 생각할 수 있는 힘인 사고력까지 요구하는 과목이기 때문이다. 수학을 잘하는 친구들이란 기본적으로 언어적인 이해력이 바탕이 되어있다고 봐도 과언이 아니다. 실생활 중 많은 부분에 수학적인 개념이 들어있다는 걸 알려주면 친구들은 무척이나 신기해한다. 한강다리의 구조물이 곡선을 포함하는 것도, 바닷가에 방파제가 삼각뿔 모양의 돌로 되어 있는 것도 모두 수학이다. 대학을 가기 위해 배우는 과목이 아니라 삶을 대하는 자세에 있어 더 편리하고 나은 세상을 만들기 위해 논리적으로 생각하는 힘을 키우는 것이 수학이다. 세상과 소통하며 세상에 나를 표현하는 방법을 배우고 찾아가기 위해서 수학을 공부한다는 목적의식을 심어준다면 호기심과 탐구심도, 관찰력도 좋아질 뿐 아니라 무엇보다 수학을 대하는 자세가 적극적이고 즐거워지지 않을까?

지금 나의 아이들은 엄마보다 친구가 좋은 고등학생과 중학생이다. 엄마와 보내는 시간이 현저히 줄었지만 초등학교 때까지는 방학이면 함께 연극과 공연, 전시를 관람하는 등 다양한 체험학습을 했다. 특별한 목적이 있다기 보다 어른이 되어서 좀 더 많은 호기심과 넓은 눈으로 세상을 즐길 수 있는 사람이 되었으면 하는 바람이 있어서였다. 다행히 두 아이는 사춘기인 지금도 갤러리와 공연 관람 등에 거부감이 없다. 다시 아이를 키운다고 해도 유아기 때부터 길들여 준 습관만큼은 유지해주고 싶다. 그러나 여기에 조금 더 깊이 있게 탐구할 수 있는 질문법 등을 제시해 주었더라면 하는 아쉬움이 남는다. 아는 만큼 보인다는 말처럼 작품 하나를 관람하더라도 그 연령대에 배울 수 있는 수학적인 개념으로 재미있게 접근해 주었다면 훨씬 풍부한 사고력을 키울 수 있지 않았을까?

4~5세는 스폰지처럼 언어뿐 아니라 경험하는 모든 사물에 대한 인지력이 발달하는 시기이다. 다양한 환경에 노출해주고 자기만의 방식으로 표현하도록 하면 뇌의 구성요소인 시냅스 세포를 가지치기하는 뼈대가 된다. 함께 작품을 관람하고 집에서 책이나 영상을 통해 작품을 본 후 크레파스와 종이만 제공해 주어도 아이들은 자기만의 생각대로 표현하는 방법을 또 하나 배우게 된다.

요즘 6~7세 아이들은 한글을 읽고 기본적인 수와 색깔의 개념 인지가 가능하다. 몬드리안 작품에 몇 개의 색깔이 나왔는지 정도의 질문을 이해하고 주변 환경과 사물 속 색깔 찾기 놀이를 해보는 것만으로도 뇌의 연결고리를 탄탄히 하는 훈련이 된다. 더불어 사각형에서 다양한 도형으로의 확장작업이나 연계동화를 통해 창의성을 깨울 수 있는 시간을 만들어줄 수도 있다.

초등학교 1~2학년은 본격적으로 가르기, 모으기뿐 아니라 1학년 때는 둥근기둥 모양과 상자모양을 배우고 2학년이 되면 정사각형을 분할한 칠교 교구로 직각삼각형과 평행사변형의 모양까지 배운다. 때문에 몬드리안의 작품을 분할하고 재구성하는 작업도 가능하다. 나만의 새로운 창의작품을 만들고 이름을 지으며 도형 감각을 익히는 놀이는 다른 미술작품을 만났을 때 한층 더 확산된 사고를 가지고 접근하는 힘이 될 수 있다.

초등 3~4학년의 경우 미술로 수학 찾기의 방법은 여러 가지가 있다. 몬드리안 작품은 3학년 때 배우는 평면도형의 기본인 정사각형과 직사각형을 익히기에 좋은 작품이다. 크고 작은 정사각형과 직사각형 찾아보기 작품을 걸만한 액자를 만들려면 어느 정도의 크기가 필요할지, 액자를 포장하는 리본의 길이로 둘레의 개념까지 익힐 수 있다. 더불어 직접 몬드리안이란 주제로 개별작품을 구성하고 문제를 만들어보게 하는 선생님 놀이를 추가하면 자칫 3, 4학년부터 줄어드는 창의성을 이끌어낼 수 있는 소중한 시간이 된다. 이렇게 작품을 통해 수학을 접한 친구들은 갤러리나 미술작품과 수학적인 사고를 자연스럽게 연결시키게 된다.

수학이 어렵다고 생각하는 것은 재미가 없다고 느끼기 때문이다. 반복적으로 연산만 훈련하는 과목으로 생각하기 때문이다. 이미 그 시기를 거친 어른의 시선에서는 기본연산과 단순이해로 느껴지는 문제일 수 있지만 아이들의 눈높이에서는 이해하기 어려울 수 있다. 요리도 재료가 준비되고 시간이 걸려야 완성되듯 개념에 대한 인지와 연산의 반복 훈련을 통한 속도와 정확도가 준비되어야 유형 학습과 심화 서술 요리가 가능하다. 요리 자체도 어려운데 재료마저 없다. 그런데 엄마와 선생님은 근사한 요리를 완성하라고 재촉한다면 어떻게 될까? 최소한 재료를 준비하는 과정과 요리가 완성되는 시간 동안 만큼은 기다려야 훌륭한 요리를 맛보는 기회를 갖게 된다. 일상생활 속 숨겨진 수학을 찾아가는 재미, 미술작품과 음악, 스포츠, 건축물 등 다양한 세상속에 숨겨진 수학을 배우는 것에 재미와 흥미를 느끼고, 그렇게 배운 수학으로 더 큰 세상을 만나는 아이들이 되었으면 좋겠다.

수학은 실재할 뿐만 아니라 유일한 현실이다. - 마틴가드너

뻔한 수학 뻔하지 않은 내 아이의
funfun math

'공든 탑이 무너지랴'라는 속담이 있다. 공들인 일은 무너지기 어렵다는 의미이다. 다른 과목도 마찬가지겠지만 수학은 공을 들여야 하는 과목임에는 틀림이 없다. 사실 초등 교육 과정이 개편되어도 큰 맥락의 틀은 변하지 않는다. 3학년 때 배웠던 혼합계산이 4학년으로 이동하는 정도다. 그러나 교과의 오르내림 변화보다 관심있게 알아둬야 할 사안들이 있다. 2017년 수학교구 표준안이 제시되면서 저학년의 교구활용 수학 비중이 늘어났다. 실험을 통해 과학 과목을 공부하듯 수학도 지면화 되어 있는 문제풀이 방식에서 실물교구를 조작하고 활동하며 사고력을 향상시키기 위함이다.

전체적인 구성과 내용은 큰 차이가 없으니 부모님 세대에서도 배웠던 뻔한 수학이라 생각할 수도 있다. 그러나 주제는 같더라도 문제집의 흐름이나 수학으로의 접근법에는 현격한 차이가 있다. 예나 지금이나 변하지 않는 건 생각하려 하지 않는 아이들의 수동적인 학습법이다. 구글 번역기만 있으면 영어단어를 외우고 회화를 공부할 필요가 없다고 생각하는 것처럼 수학도 물건값만 계산할 줄 알면 되는 것으로 여긴다.

앞에서 효율적으로 공부하는 학생은 학원시간보다 자기주도학습에 더 많은 시간을 투자한다는 이야기를 했었다. "우리 아이도 자기주도학습을 잘 했으면 좋겠어요"라고 이야기하는 어머니들에게 나는 자기주도학습이란 절대로 아무나 할 수 있는 게 아니라고 단호히 이야기한다. 그럼 공부를 잘하는 상위권 학생들만 할 수 있는 것일까? 그렇지 않다. 자기주도학습이란 한자어의 풀이처럼 스스로가 주인이 되어 길을 만들어가는 학습법을 의미한다. 학원 초창기에 나를 가장 힘들게 했던 부분이기도 하다.

본인의 부족함을 파악하고 채워가는 능동적인 공부가 초등학교 친구들에게 과연 쉬울까? 사교육 없이 자기주도학습에 성공한 사례들을 보면 고등학생들이 대부분이다. 그 이유는 주도적 학습이 가능하고 혼자서도 눈에 보이는 부족함을 인지하고 보충법을 알고 책임지려 하는 나이가 됐기 때문이다. 고등학생 중에도 상위권 친구들의 공부방법에만 주목하기 때문에 자기주도학습이 더 좋아 보인다. 그러나 자기주도학습이란 스스로를 엄격히 관리하고 자신의 현 상태를 정확히 파악할 수 있는 주로 상위권 친구들에게 더 최적화된 공부법이다. 중하위권 성적의 친구들은 스스로 학습시간의 효율이 현저히 떨어진다. 혼자서 해낼 수 있는 학습량에 한계가 있기 때문이다. 강제성 없이 스스로 시간 관리와 모르는 부분에 대한 학습 계획을 세우기란 공부법이 잡혀있지 않고 자신의 학습수준을 가늠하기 힘든 중하위권 친구들에게는 어려울 수밖에 없다. 시간을 효율적으로 써야 하는 고등과정이 되기 전에 자신의 수준을 스스로 평가하고 공부방법을 찾아가는 시행착오를 거쳐야 한다. 그 과정을 통해 키워진 자기주도 학습 근육이 마라톤을 완주하게 하는 힘이 될 것이다.

교구나 보드게임을 활용한 수학학습은 스스로를 인지하고 이해력을 가늠할 수 있는 좋은 방법이다. 수업 중 딴생각을 하거나 문제풀이에 집중하지 못하더라도 교구나 게임 수업은 능동적인 참여가 가능하기 때문이다. 초등학교 때부터 학교든 학원이든 이렇게 스스로를 알아가는 과정의 공부방법을 시도해 실패와 시행착오 속에 자신의 실력과 공부법을 찾아가야 한다.

물론 고학년이 될수록 저학년 때처럼 계속 교구로 놀이학습을 진행하기 어려워진다. 개념도 많아지고 연산 또한 단계가 올라가니 따라가기 벅차다. 그러나 당장 감기에 걸려 병원에서 처방받은 약으로 며칠 만에 회복한다고 다시 감기에 안 걸리란 보장은 없다. 부족한 면역을 보충하고 자신의 상태에 알맞은 휴식을 취하며 운동을 하고 다음 감기를 준비하는 기본기 상승의 과정은 아이들의 자기주도력을 높여준다.

나는 고1과 중1이 된 자녀들에게 주말마다 밀린 공부 대신 보드게임 시간을 제안한다. TV를 시청하거나 저녁을 함께 먹는 차원에서 벗어나 두 시간 정도 보드게임을 하며 도란도란 담소를 나누는 시간의 교감은 유대감을 늘리고 공부에서 벗어난 이야기를 나누는 기회이기도 하다. 새로운 게임 방법을 알아보고 설명하는 과정에서 길러지는 논리력과 사고력은 지금 두 아이의 수학력에 큰 바탕이 되었다. 스마트폰 감옥에 갇혀서 서로 얼굴볼 시간도 없이 사는 우리에게 놀이 수학과 보드게임은 서로를 알아갈 수 있는 소중한 매개체가 될 것이다. 아이가 성장할수록 커지는 몸집만큼 마음도 성장한다. 성장에는 성장통이 따르듯 스스로 자신을 가늠하며 자신의 길을 찾아가는 아이들이 될 수 있도록 도와주는 일이 부모님과 선생님의 역할이다.

> 꾸준한 노력이 함께하지 않는 꿈은 몽상에 불과하다. 꿈에는 지름길이 없다.
> ─ 이나모리 가즈오

보드게임 어디까지 해봤니?

내가 어릴 때만 해도 초등학교 운동장에 있는 정글짐과 사다리 철봉만으로 해가 저물 때까지 놀던 기억이 있다. 요즘은 스마트폰으로 인해 점점 아이들끼리 소통하고 교류하며 노는 문화가 사라지고 있어 안타깝다. 학교가 끝나면 바로 학원으로 뿔뿔이 흩어진다. 여기저기 학원으로 뺑뺑이 돌다 보면 저녁이 되니 아이들도 스트레스 풀 곳이 없어 스마트폰에만 의지하게 되는 것 같다.

스마트폰도 구구단 외우기 게임이나 라이트봇 코딩게임, 교과의 수학적 개념을 퀴즈형식으로 풀어보는 등 다양하게 활용할 수 있다. 아이들에게는 이 또한 학습으로 여겨질 것이다. 그만큼 알맹이 없이 재미의 요소만을 자극하고 유혹하는 콘텐츠가 많은 것도 사실이기에 우리 아이들만을 탓할 수는 없다.

　1982년 부루마블이 출시된 후 요즘은 보드게임이 보급화되어 각 가정마다 1~2개 정도의 보드게임은 갖고 있다. 저녁식사 후 가족끼리 둘러앉아 보드게임 한 판 하는 그림은 생각만 해도 흐뭇하다. 앞서 이야기한 것처럼 나 역시 두 아이와 어릴 때부터 다양한 보드게임으로 주말 저녁을 함께 했다. 직업 특성상 새로운 보드게임이 나오면 이제는 아이들과 함께 게임방법도 숙지하고 설명하며 게임을 즐긴다. 세계를 넘나드는 티켓투라이드부터 미술작품을 경매하는 모던아트까지 400여 종의 보드게임을 섭렵하면서 의도하지 않았지만 다양하게 사고하는 힘이 키워지지 않았을까 생각한다. 무슨 말을 걸어도 퉁명스러운 대답을 하는 시기인 사춘기인지라 아이들과 대화하기 쉽지 않은데 보드게임이란 도구가 학업에서 벗어날 수 있는 매개체가 되어 아이들과 웃으면서 소통할 수 있었다.

　보드게임 시장은 비단 어린 연령에 국한되지 않고 성인 마니아층도 두꺼운 편이다. 분기별로 열리는 보드페스타나 초등교육박람회에 가면 매년 성장하는 시장성에 놀라곤 한다. 보드게임을 개발하는 과정으로 포트폴리오를 만들어 입시를 준비하기도 하고 대학에 학과가 생기는 등 또 하나의 큰 시장으로 자리잡고 있다. 좋아하는 친구들과 즐겁게 보드게임하는 시간, 생각만 해도 신이 난다. 보드게임의 효과는 매우 다양하다. 많은 부모님들이 초창기에는 보드게임을 굳이 학원에서 배워야 하느냐는 질문도 많이 했었다. 가족과 함께 하는 보드게임도 가족 간의 소통과 유대감 그리고 아이의 성향파악 등에 좋은 영향을 준다. 그럼 학원에서 친구들과 하는 보드게임과 집에서 부모님과 함께 하는 보드게임에는 어떤 차이가 있을까?

매일 학교에서 만나는 같은 반 친구들끼리도 사실 하나의 주제로 이야기를 나누거나 게임을 하기 어려운 게 현실이다. 때론 어른보다 바쁜 아이들이기에 함께 보드게임을 하는 시간이란 도구로 소통하는 즐겁고도 귀한 시간이다. 친구들과의 보드게임을 통해 얻을 수 있는 유익함은 무척 많다. 게임의 규칙과 방법을 익히는 과정 자체만으로도 집중력과 주의력을 키울 수 있다. 뿐만 아니라 게임을 진행하는 동안 논리적 판단력과 문제해결력, 융통성과 전략적 사고를 적극적으로 할 수 있다. 보드게임을 통해 경험한 힘은 일상생활 속 다양한 상황에서 적용 가능한 논리적 사고력을 증진시켜 준다.

주된 효능은 ▲언어로 소통하는 능력 향상 ▲주의집중력 상승 ▲융통성과 문제해결력 ▲기다리고 배려하는 마음 ▲사회성과 상호작용 증진 등 5가지 정도다.

이것을 크게 3가지로 나눠보면 다음과 같다.

문제해결력을 키우고 전략적인 사고를 하게 된다.

아이가 태어나고 부모가 되면 예기치 못한 많은 문제를 만나게 된다. 특히, 엄마의 경우 임신과 출산을 통한 신체적인 변화로 산후 우울증이 올만큼 처음 겪게 되는 많은 일들이 당황스럽다. 세상에 태어나면 처음인 일들이 참 많다. 첫 아이, 첫 입학, 첫 졸업, 첫 직장, 첫 사랑 그 중에서도 단연 으뜸이고 가장 어렵고 위대한 일이 첫 엄마일 것 같다. 둘째 아이만 해도 한결 여유롭다. 경험이 주는 편안함 덕분이다. 엄마와 마찬가지로 아이들도 처음인 것이 많다. 첫 유치원, 첫 수업, 첫 친구, 첫 선생님 등. 자유로운 분위기의 유치원에서 학교에 입학하며 만나는 많은 첫 경험에 엄마만큼 당황스러울 것이다.

전략적인 사고란 이런 많은 첫 상황에서 문제를 어떻게 해결할지를 결정하며 자신만의 방법을 찾고 만들어가는 것이다. 다양한 상황에서 순발력과 생각의 힘을 키우고 문제를 해결하면서 아이들은 성장한다. 처음 만나 게임의 규칙을 익히고 친구와 서로 주고받는 게임을 진행하며 발생하는 상황에 대응하는 전략적인 사고 속에서도 배울 수 있다. 옛말에 공부만 잘하는 샌님이라는 표현이 있다. 공부만 할 줄 알지 친구들과 어울리는 사회성이 부족한 사람을 일컫는 말이다. 공부하는 궁극적인 목적이 자아실현과 꿈의 실현이라면 소통하며 문제해결 하는 능력은 기본일 것이다. 즐겁게 전략적인 사고를 하며 간접경험을 통해 사회를 배워가는 제일 간단하고 쉬운 방법이 보드게임이 아닐까 한다.

이해력과 표현력 그리고 다양한 분야에 대한 호기심을 키운다.

보드게임의 세계도 무척이나 방대하다. 단순히 부루마블로 세계를 여행하던 것에서 이제는 역사와 영어, 한자, 과학, 미술 등 다양한 분야에서부터 고학년때 배우는 다각형의 둘레와 넓이, 예각의 수와 평행한 쌍 등 교과수학까지도 보드게임으로 배울 수 있다.

새로운 보드게임을 익힐 때 게임의 규칙을 이해하고 자신의 상황을 설명하는 과정은 반드시 필요하다. 더불어 학교 생활에서는 경험하기 어려운 관찰력과 집중력, 표현력 등을 본인이 좋아하는 게임에 몰입하는 과정을 통해 배우게 된다.

그 중에도 교구없이 진행하는 일상 속 스무고개와 브레인 스토밍을 추천하고 싶다. 어릴 적 한번은 해보았을 스무고개를 요즘 아이들은 잘 모르는 듯하다. 한 사람이 하나의 단어 또는 문장을 생각하면 다른 사람들은 그것이 무엇인지를 유추하며 스무 번 내에 맞춰야 한다. 단순한 단어도 좋지만 추상적인 질문이나 감정을 표현하는 형용사를 상황을 통해 유추하도록 하는 것도 무척 재미있다. "인어공주가 사람이 되기 전 마지막에 엄마를 만나러 갔다. 엄마에게 무슨 말을 했을까?"란 나의 질문에 "엄마, 이제 바닷물은 엄마만 드세요. 전 육지에서 생수 마실께요. 제주삼다수"라고 대답해서 크게 웃으며 아이의 창의성에 놀랐던 기억이 있다.

학년이 높은 친구들과는 브레인 스토밍 놀이를 해보면 아주 다양하고 기발한 생각들을 발견할 수 있다. 브레인 스토밍이란 기존에 있는 두 사물을 연결해 쓸모있는 새로운 단어나 사물을 만들어내는 놀이다. 예를 들어 내가 컴퓨터와 전화기라는 힌트를 주면 상대방이 핸드폰이라고 문제를 맞추고 출제자가 되어 또 다른 문제를 만드는 형식이다. 친구들이 함께 하면 무한 상상 아이디어를 내는 최고의 창의성 놀이가 될 것이다.

아이의 장·단점 등 새로운 모습을 발견할 수 있다.

부모님 입장에서는 소규모 그룹 내에서 아이의 모습을 좀 더 면밀히 파악할 수 있는 장점이 있다. 갖고 있는 역량은 비슷하더라도 승부에 집착하는 아이, 적극적인 아이, 소극적인 아이 등 조금 더 자세히 제3자의 시점에서 객관적으로 아이의 성향을 파악할 수 있는 기회가 된다.

수학적인 역량 면에서도 공간지각력이 뛰어난 친구가 있는 반면, 다른 영역은 매우 뛰어난 데 비해 도형과 공간 부분에 유독 취약한 친구도 있다. 정말 신기하게도 모두 다르다. 이 다름에 대해 좀 더 계획적이고 효율적인 수학학습 방향을 설정하는데 보드게임은 좋은 매개체 역할을 한다.

학교도 일종의 작은 사회이다. 학교에 다니기 시작하면 크고 작은 친구들 간의 감정 싸움이 생기곤 한다. 보드게임을 진행하다 보면 각자 좀 더 빠르고 잘하는 분야가 있다. 그런 상황에서도 순서를 기다리는 연습을 한다. 아무리 잘하는 분야라 하더라도 주사위의 확률상 지는 경우도 종종 발생한다. 승패에 연연하지 않고 질 수 있음을 배우게 된다. 인생이 마음대로 되지 않는다는 것을 보드게임 세상 속에서 처음 알게 된다.

4차산업 시대가 오고 5G세대가 되면서 인간의 영역이라 생각됐던 많은 부분이 로봇의 역할로 넘어가고 있다. 그럼에도 느림의 미학이 중요하다는 것을 깨닫게 하는 많은 사례들이 있다. 묵은지처럼 오래된 고전에서 더 많은 지혜와 깨달음을 배우듯 부루마블을 함께 하던 추억과 그 속에서 얻은 값진 경험들은 살아가는 지혜와 함께 친구들에게 아련하고 따뜻한 기억으로 남을 것이다. 더불어 생각하는 힘, 적극적이고 능동적인 참여의 과정을 통해 학교나 학원에서 교재나 이론으로 배울 수 없는 다양한 문제 해결력을 키울 수 있다. 교육 그 이전에 공감과 소통의 도구로써 조금 더 창의적이고 융통성 있는 아이로 키우고 싶다면, 보드게임 수업을 적극 권한다. 어렵지 않다. 아이와 함께 할 수 있는 시간과 공간이면 충분하다. 아이를 위해서가 아니라 보드게임을 하는 동안 아이와 함께 성장하는 즐거움을 느낄 수 있기 때문이다.

가장 유능한 사람은 가장 배움에 힘쓰는 사람이다. - 괴테

보드게임으로 코딩을 배운다고?

초등학교 2학년 연서는 나에게 4차산업 시대가 오면 로봇에게 모든 일자리를 빼앗기는 것이 아니냐고 걱정스런 목소리로 질문을 한 적이 있다. 연서 어머니 역시 코딩의 중요성을 어떻게 알려줘야 하냐고 물어오신 적이 있다. 나의 대답은 한결같다. 코딩도, 4차산업도 중심과 핵심은 사람입니다.

숭실대에서 '블럭셀'이란 코딩수업을 아이와 함께 들은 적이 있다. 아주 작은 구체물로 내가 좋아하는 주제의 주인공을 만들고 스토리를 입혀 온라인으로 작동하게 하는 과정이 매우 신선했다. 내가 가르치던 6학년 친구도 함께 데리고 갔었는데, 학원에서는 집중하지 못하고 빨리 집에 가고 싶어하던 것과는 달리 3시간 가까이 되는 시간동안 블럭셀로 하는 코딩놀이에 푹 빠져 있는 모습을 보며 더욱 궁금증을 갖게 됐다. 단순히 컴퓨터 기술 그 이상의 창의적 요소가 기반이 되어 있다는 게 큰 매력으로 다가왔다. 당시 궁극적으로 코딩의 필요성과 코딩을 배우는 목적에 가장 흡사하게 접근한 아이템이었던 것 같다.

코딩은 글로벌하게 소통하기 위한 하나의 도구이다. 중요한 것은 소통의 주제이다. 좀 더 빠르고 글로벌하게 소통하기 위한 매개체로의 기술이 코딩이다. 그러나 이야기할 나만의 콘텐츠가 없는 기술적인 코딩 습득은 무의미하다. 아이들이 단지 코딩을 컴퓨터로 배우는 놀이로만 인식하지 않도록 매주 어머니들에게 코딩이란 무엇인가에 대해 열정적으로 알려주었던 기억이 있다.

코딩에서 배우는 기본적인 알고리즘의 압축과 병합 등은 기본적으로는 문제해결력과 연결된다. 그래서 오프라인으로 코딩을 배울 수 있는 가장 빠른 방법으로 보드게임이 화두가 되었던 것 같다. 그 이후 '코딩'이라는 제목의 보드게임이 꽤 많이 출시되었지만 사실 기존 모든 보드게임 안에 문제해결력과 전략적 사고능력이 포함되어 있다. 특별히 컴퓨팅적인 코딩을 보드게임으로 접하려는 의도가 아니라면 오랫동안 사고력 수업을 해온 친구들은 코딩의 기본 필요요소를 갖추었다고 생각한다. 이제 어떤 주제로 소통하며 컴퓨팅적인 기술을 연마할 것이냐를 고민할 시기이다.

내가 갖고 있는 주제에 대해 글로벌하게 소통하며 다른 사람의 의견을 듣고 충돌과 협업을 거쳐 더 발전된 나와 세상을 구현하는 데에는 코딩 기술이 필수이다. 요즘은 저학년 때부터 컴퓨터를 배우지만 사실 아이들은 모든 공부를 "왜?"라는 질문 없이 엄마의 손에 이끌려 시작하게 된다. 이것이 가장 큰 문제이다. 스스로 선택을 하면 책임의식을 갖게 된다. 그리고 재미를 느끼는 순간 몰입도는 최고조에 달한다.

코딩을 배울 수 있는 시공간적 기회는 많다. 나무를 베려면 80%의 에너지를 도끼 가는데 사용해야 한다. 도끼가 잘 갈렸다면 단시간에 나무를 베야 한다. 이것이 가장 효율적이면서도 이상적인 나무 베는 방법이다. 지금이라도 내 아이가 준비하고 있는 도끼가 어느 나무에 적당할지를 함께 소통하며 나만의 코딩을 찾아가는 현명한 엄마가 되기를 응원한다.

끈질긴 집중이야말로 위대한 성공의 기초다. – 아이작 뉴튼

내 아이만큼은
수포자가
아니었으면

0의 기원

코딩의 컴퓨터 언어인 이진수에도 등장하고 수학의 기준으로
도 유명한 '0'. '아무것도 없다'라는 뜻인 0은 어디에서 왔을까?
0은 '끝이 없다'라는 의미와 '어디에서 시작해도 제자리로 돌아
오는 처음'을 나타내기 위해 동그라미 모양으로 표현했다. 이런
0에 대한 연구를 문서로 남긴 최초의 인물은 서른 살의 인도 수
학자 브라마굽타로 알려졌다. 628년에 쓰인 그의 저서 〈우주의
창조〉에는 '0은 같은 두 수를 뺄셈하면 얻어지는 수'라고 0에 대
한 정의가 내려져 있다. 브라마굽타는 '그 아무것도 남지 않은
상태 즉, 무(無)의 상태'를 영(zero)이라 부르고 0이 실제 수라고 주
장했다. 이를 증명하기 위해 "어떤 수에 0을 더하거나 빼도 그
수는 변하지 않는다. 하지만 0을 곱하면 어떤 수도 0이 된다"라
며 0이 어떻게 작용하는지를 설명했다.

우리 아이들은 0을 초등학교 1학년 때 수와 숫자, 순서 등의 개념을 배우며 처음 접한 후, 중학교 1학년 때 정수라는 개념으로 다시 배우게 된다. 정수와 유리수로 확장되는 수의 영역을 어원의 의미나 필요성 중심으로 배우면 훨씬 재미있고 흥미롭게 공부할 수 있을텐데 실제 수업에서는 문제 풀이를 위한 개념인지 정도로만 학습을 하게 된다. 그러다 보니 답은 잘 찾아도 "0은 유리수가 아니다"라는 개념 확인 문제 유형에서 "왜?"라는 질문을 하는 친구는 없다. 기계적인 학습의 한계가 아닐까 하는 아쉬움이 있다.

초등학교 때 어떤 수로 배우기 시작하는 문제들은 방정식과 미지수를 구하는 문제의 기초이다. □-3=5와 5-□=3이라는 문제를 처음 접하는 초등학교 1학년 친구들은 식을 만드는 것도 어려워하지만 두 식의 답을 모두 2라고 말하는 친구도 5명 중 3명은 된다. 벌써 생각하는 힘을 쓰지 않기 때문이다. 그러나 "네모난 검은 상자에 사탕이 있어서 2개를 먹은 후 쏟아보니 5개가 남았다. 처음 상자 속에 들어있던 사탕은 몇 개일까?"라고 풀어서 설명하면 모두 제대로 된 답을 찾아낸다. 이렇게 문제를 이해하고 풀어야 학년이 올라갈수록 복잡해지는 수식은 물론, 중학교에서 방정식으로 확장되는 영역과 응용 유형의 문제를 어렵지 않게 해결할 수 있다.

초등학교 6학년 때 배우는 백분율(%)이 0과 1 사이를 표현하기 위해 나온 개념이라는 것을 다시 한번 알리며 신비한 0 이야기를 마무리하려고 한다. 백분율이란 어원 그대로 100을 기준으로 나눈 비율을 의미한다. '아무것도 없다'의 0과 '전체'를 의미하는 1 사이에 더 정확하고 세밀한 분류를 위해 나온 개념 중 하나이다. 이 개념을 이해하려면 3학년 때 배우는 분수의 개념이 확실히 인지되어 있어야 한다. 점점 더 발달하는 4차산업 시대에 1/100만인 마이크로미터보다 더 작은 1/10억의 나노미터로 소통하려면 또는 더 발전된 세상에 기여하고 싶다면 무조건 문제를 풀기보다 나노미터보다 작은 원자들이 연구되고 급속도로 변하는 세상을 배우고 연구할 줄 아는 호기심과 동기부여가 최우선이 되어야 한다.

배우나 생각하지 않으면 공허하고 생각하나 배우지 않으면 위태롭다. - 공자

내 아이만큼은
수포자가
아니었으면

메타인지

다시 수학 이야기로 돌아와 보자. 같은 시간을 공부해도 성적에 차이가 나는 이유는 뭘까? EBS 방송에서 상위 0.1% 학생들과 열심히 공부하는데 성적이 잘 오르지 않는다는 평균 성적의 아이들을 비교하는 실험을 방영한 적이 있다. 두 그룹에서 한 가지 차이를 발견할 수 있었다. 그것은 공부시간도, 좋은 학원도, 집안 환경도 아니었다. 차이는 메타인지력이었다. 메타인지(METACOGNITION)란 한 단계 위 차원을 의미하는 META와 어떤 사실을 인식하는 인지라는 뜻의 COGNITION의 합성어로 '생각 위의 생각', '인식 위의 인지'라는 말로도 불린다. 내가 아는 것과 모르는 것을 구별할 수 있는 능력이라고도 할 수 있다. 흔히 잘 노는 친구들이 공부도 잘한다는 말이 있다. 메타인지 능력이 높기 때문에 공부해야 할 부분과 놀이의 조율을 효율적으로 하며 시간

분배를 잘하기 때문이다.

메타인지가 뛰어난 상위 0.1% 그룹의 학생들은 자신이 아는 것과 모르는 것을 변별해 필요한 부분에 대한 우선순위로 효율적인 학습계획을 세운다. 성적이 오르지 않는 평균 그룹의 경우 오히려 상위 그룹에 비해 공부에 월등히 많은 시간을 투자하면서도 주먹구구식 공부로 효율이 오르지 않는 것을 알 수 있었다. 고등학교에 진학해도 이 과정을 못하는 친구들은 자기가 공부한 만큼의 결과를 얻어내지 못하는 경우가 많다. 초등학생의 경우, 아이의 스케쥴은 대체로 부모에 의해 결정된다. 아직 아이 스스로 판단하고 결정할 의사결정권적 능력이 부족하기 때문이다. 그러나 그로 인해 지치고 힘들어하는 아이들을 많이 봤다. 저학년 때부터 부모의 단독적인 결정보다는 아이들에게 선택의 의사를 물어보는 과정이 필요하다. 취업할 직장까지 엄마에게 물어보는 성인이라면 어릴 때 선택이란 걸 해본 경험이 없기 때문이다.

위기는 '위대한 기회'의 다른 말이다. 아이와의 관계가 나빠지거나 잦은 트러블이 생긴다고 고민하는 시점이 바로 의사 결정권을 키워줄 시기다. 기존대로 엄마가 결정하고 아이가 따르는 시스템은 불협화음이 없을지도 모른다. 그러나 아이는 내적으로 스트레스가 쌓일 수 있고 그로 인해 성인이 되어서도 스스로 결정하지 못하는 결정장애가 생길수도 있다. 스스로 판단해 결정하고 그 결정에 따른 실패와 실수를 경험하며 선택의 기술을 배우는 과정, 그렇게 스스로 결정했을 때 책임을 지기 위해 노력하는 과정이야말로 많이 실수하고 실패해도 좋은 초등학교 때 얻을 수 있는 최고의 경험이 아닐까?

자기를 존중하는 능력을 의미하는 자존감은 작은 성공의 결과들이 축적되어 어느 정도 임계점을 넘었을 때 생성되어 유지된다. 임계점이란 물이 끓거나 얼어서 상태가 변화하는 시점을 의미한다. 자신을 알고 탐구하는 실패와 성공의 경험을 축적하는 시간이 변화를 만들어 낸다. 공부란 끝없는 나 자신과의 싸움이다. 경쟁은 동기부여일 뿐 결국 극복해야 하는 것은 나 자신이다. 내가 어떤 성향의 사람이고 어떤 공부유형을 갖고 있는지, 강점과 약점은 무엇인지 판단하고 도전하고 실패하며 수정해야 한다. 학년이 올라갈수록 어려워지는 수학뿐 아니라 모든 과목에서 효율적으로 시간을 관리해 자신을 들여다보고 파악하는 시간을 확보한 친구들은 자기조절력이 뛰어나고 실패하더라도 과정으로 여길 줄 아는 튼튼한 자존감을 갖고 있다.

내 아이는 모범생일까? 우등생일까? 머리만 좋아도 성적이 잘 나오는 시기는 초등학교까지다. 일본에서는 유치원의 공교육 때부터 메타인지 학습법을 훈련시킨다. 오늘 배운 점 중 가장 재미있던 일과 어려웠던 것 등을 이야기하는 연습을 일찍부터 훈련시킨다. 가랑비에 옷 젖듯, 꾸준히 조금씩 훈련한 결과는 학년이 올라갈수록 메타인지력이 높아져서 빛을 발한다. 더 많은 공부양을 소화하기 위한 연습과 훈련의 시간을 절대 놓쳐서는 안된다. 타고난 지능보다는 메타인지로 장착된 성실함이 더 좋은 열매를 맺는다. 초등학교 3, 4학년 정도 되면 스스로 메타인지 훈련과 실행을 조절할 수 있다. 오늘 배운 내용 중 부족한 부분을 정리하는 것, 수학의 경우 오답과 개념노트를 통해 스스로 확인하는 과정이 쌓이면서 학습적인 자아성찰력이 자리잡을 것이다. 그때까지 아이의 꾸준한 메타인지 훈련을 위해 복습노트나 오답노트, 개념노트를 관리하는 것, 문답 형식으로라도 오늘의 학습을 정리하는 연습을 시작할 수 있도록 지금부터 시작해보자.

끈질긴 집중이야말로 위대한 성공의 기초다. - 아이작 뉴튼

내 아이만큼은
수포자가 아니었으면

3장

수학이 무너지면
모든 과목이 무너진다

수학을 잘하는 아이는 어떤 힘을 가지고 있을까?

스마트폰 세대인 요즘 우리 아이들은 자고 일어나면 또 다른 관심거리와 정보가 넘쳐나는 시대에 살고 있다. 벌거벗은지 모른 채 나갔으면서도 손에 스마트폰은 들고 나가는 벌거벗은 임금님의 동화가 등장할 만큼 필수불가결한 요소로 자리매김했다. 그러나 막연히 제한하고 강압적으로 절제를 시키는 것만이 정답은 아닐 것이다. 스마트폰으로 소통하는 세대의 아이들인 만큼 어떻게 조절 능력을 키워줄 것이냐가 어른들의 숙제이다.

나는 고등학교 때 공부하고 와서 TV를 보면 TV 내용 때문에 공부한 것을 다 잊어버린다는 말에 고등학교 내내 독서실에 다녀와서는 단 한번도 TV를 본 적이 없다. 그 시절, 라디오와 TV말고는 접할 수 있는 매체가 흔치 않았지만 요즘 아이들은 너무나 쉽게 더 많은 콘텐츠에 노출되어 있으니 아마도 내가 학생이었던 때에 비해 절제하기 힘든 것도 사실이다. 유혹의 요소가 너무 많으니 판단력과 변별력, 의지력이 약한 아이들에게는 몸에 해로운 줄 알지만 끊지 못하는 어른들의 담배처럼 힘겨운 일이다. 엄마나 어른의 말과 권위가 사라지고, 가족 간의 소통 또한 앗아가는 주범 1순위인 스마트폰. 인공지능이 대체하는 편리함 속 4차 산업시대의 제일 큰 피해자는 점점 생각하고 소통하는 힘을 잃어가는 우리 아이들이 아닐까?

수학은 소통의 학문이다. 세상과 소통하기 위해 논리적으로 세상을 비교 판단하며 나만의 것을 어떻게 전달하고 나누어 갈 것이냐를 배우기 위해 필요한 학문이 수학이다. 빠르게 문제를 잘 풀어내는 아이들은 점점 늘고 있지만 생각하는 힘으로 풀어야 하는 응용문제나 이해력을 요구하는 서술형 문제는 무조건 어렵다는 선입견을 갖고 거부하는 친구들이 훨씬 더 많다. 여기에서 주목할 부분은 과연 단원평가를 100점 맞고 한 학기에 두꺼운 문제집을 서너권씩 풀어내는 아이가 정답일까? 비록 단원평가는 100점을 못 맞을지라도 수학을 정말 좋아하며 한 문제를 깊이있게 탐구하기를 즐기는 아이가 정답일까? 하는 것이다.

엄마들의 조급하고 불안한 마음은 아이에게 고스란히 전달된다. 그래서 엄마가 주관과 믿음을 갖고 있는 것이 무엇보다 중요하다. 행복은 성적순이 아니었던 시대는 지났다. 성적이 행복의 척도와 기준이 되는 많은 일들을 결정하는 요소가 되는 것은 맞다. 그러나 "성적이 좋은 아이들이 모두 행복할까?" 라는 질문에는 "예"라고만 대답할 수는 없을 것 같다. 성적이 좋아서 행복한 것은 자신보다 부모님이기 때문이다. 사실 성적에 예민한 아이들도 있지만 엄마보다 신경쓰지 않는 아이들이 더 많다. '성적을 올리고 싶다', '시험을 잘 보고 싶다'는 마음이 없기 때문이 아니라 안 하기 때문에 못하는 것이다. 때문에 좋은 결과는 기대할 수 없다. 엄마나 선생님의 칭찬과 인정이 불씨가 되고 동기부여가 되는 시기는 초등학교 때까지다. 중·고등학교로 진학하면 점점 스스로 욕심내어 성취하는 작은 성공의 경험들이 공부의 재미를 느끼게 하고 도전의식과 적극성을 갖게 한다.

　수학을 잘하는 아이에게 필요한 힘은 '자신을 사랑하는 힘'과 '무엇인가 하고 싶다'는 힘이다. 요즘은 진로캠프를 가봐도 하고 싶은 일이나 꿈이 없다는 친구가 많다. 수동적으로 학교와 학원을 오가며 시키는 대로만 공부를 하고 있으니 얼마나 재미가 없고 힘들까 싶어 안타깝기만 하다. 모든 아이들이 꿈과 진로를 빠르게 찾아야 할 필요는 없지만 꿈을 찾기 위한 과정이 공부라는 것, 그리고 그 과정을 성실히 채우며 자기만의 색깔을 찾아가는 것의 중요성은 반드시 알고 있어야 한다. 그렇게 몸에 익혀진 성실함은 사회에 나왔을 때 반드시 훌륭한 자양분이 되어 큰 나무로 성장하게 하는 원동력이 된다는 것을 깨닫고 학생이라는 직업의 본분이자 의무에 충실할 수 있도록 이끌어줘야 한다.

아인슈타인도 죽을 때까지 뇌의 15%를 쓰지 않았으며 초등학교 시절엔 낙제점수를 받을 만큼 공부에도 뛰어나지 못했다고 한다. 그러나 아인슈타인의 어머니는 자유분방하게 좋아하는 일을 탐구하고 자신을 아끼고 사랑하는 것만으로도 충분하다라고 격려했다. 그렇게 자신의 인생을 즐기다 보니 발명하는 것들이 생겼고, 그것들이 더 큰 세상을 위해 널리 유익하게 쓰였다. 긴 시간동안 셀 수 없이 많은 실패와 좌절을 겪으면서도 포기하지 않았던 그의 집념은 좋아하는 일이기에 가능했을 것이다. 마시멜로의 법칙처럼 그 꿈을 위해 참고 노력할 수 있는 자기 조절력과 맹목적인 우직함으로 한 길을 걸어온 자만이 100점의 행복이 아닌 진정한 행복감을 느낄 수 있다.

성공의 비결은 좌절하지 않고 극복하는데 있다. - 발자크

수학이 뭐길래?

20년 넘게 수학을 가르치며 알게 된 것은 수학을 진심으로 좋아하는 친구는 서울에서 김서방 찾기처럼 힘든 일이라는 것이다. 학년이 올라갈수록 개념은 어려워지고 연산도 복잡해지고 문제의 깊이는 끝을 알 수 없으니 어렵게만 느껴진다. 수포자의 연령은 점점 낮아지고 아이들에게 수학은 제일 기피하는 과목이 되고 있다. 영포자나 국포자라는 단어는 없으면서 왜 수학을 포기하는 사람이란 수포자는 흔하게 통용되는 단어가 된 것일까? 대체 수학이 뭐길래?

초등학교 3학년 때 선분과 면을 시작으로 삼각형과 사각형을 배우고 네 각이 직각인 공통점을 갖지만 변의 길이는 다른 정사각형과 직사각형을 배우게 된다. 4학년이 되면 좀 더 다양한 사각형 친구들을 만나게 된다. 사다리꼴 평행사변형과 마름모가 추가되면서 사각형 5형제를 만나게 된다. 내가 초등학교 때 도형에 흥미를 갖게 된 것은 6학년 담임선생님 덕분이었다. 입체 도형을 처음으로 배우던 때 요구르트병, 음료수 캔, 페트병 등을 모아오게 해서 운동장 크기 만한 커다란 로켓을 만들었던 기억이 아직도 생생하다. 사실 모든 공부가 그렇듯 재미와 관심을 가지면 못할 일이 없다. 길가에 이름 모를 들풀의 이름을 알아가는 것도 공부일 수 있다. 좋아하는 아이돌 그룹의 멤버가 무슨 음식을 좋아하는지까지 알고 있는 요즘 친구들의 열정이라면 못해낼 공부가 없다. 그러나 수학은 '재미없다', '싫다'라는 고정관념이 무조건적으로 머리와 마음을 닫게 하고 아무것도 생각하려 하지 않으니 그저 어렵게만 느껴지게 된다.

나는 중학교 때 눈에 띄게 공부를 잘하지는 않았다. 오히려 오락부장이나 미화부장을 하며 분위기를 띄우는 분위기 메이커였다. 친구 좋아하고 떡볶이 좋아하고, 학교 앞 만화방에서 베르사이유의 장미에 푹 빠져있던 어느 날 도형 파트 수학시험에서 1등을 했다. 한번도 최고의 자리를 경험한 적이 없던 나로서는 어리둥절했다. 다른 영역보다 도형을 좋아하긴 했지만 "에이 우연일 거야. 학원도 안 다니는 내가 무슨"이라고 가벼이 넘겼다. 그런데 신기하게도 그날 이후로 문제를 푸는 것이 쉽고 재미있어졌다. 친구들이 하나둘 물어보는 질문에 답해주는 것도 좋았다. 내일 또 친구들이 무엇을 물어볼지 모르니 집에서 스스로 문제집을 미리 풀어보는 일명 자기주도 학습을 시작했던 것 같다. 그때는 그냥 도형은 좋아하는 부분이니까 하고 넘겼는데 돌이켜 생각해보면 좋아하니 관심이 생기고 관심이 있으니 수업에 집중하고, 그러다보니 궁금한 것이 생기고 그런 질문을 해결해 나가는 과정 속에 실력이 늘었던 것 같다.

요즘 아이들에게는 그런 동기부여의 과정을 찾기 어렵다. 어렵다고 느끼기 전 학원을 다니고 무엇을 아는지 모르는지 변별할 시간도 없이 문제를 풀기 때문이다. EBS 공부의 신에 나오는 수능 만점자들은 늘 교과서 위주로 공부를 했으며, 충분히 잠을 잤고, 학교수업에 충실히 하는 것만으로 충분했다는 이야기를 한다. 그 이유는 메타인지 때문이다. 내가 무엇을 아는지 모르는지 스스로 변별하는 능력이 메타인지력을 높이는 학습방법을 갖고 공부에 임하도록 한다. 때문에 결함을 채우는 공부방법을 찾을 수 있고 효율적인 공부가 가능했다는 공통점을 갖고 있다. 지금 알았던 걸 그때도 알았더라면 우직하게 열심히만 했던 공부의 결과는 조금 달라졌을텐데 하는 아쉬움이 든다.

그렇게 고등학교에 진학해서도 수학은 크게 어렵지 않았다.

물론 공부를 아주 잘하는 학생은 아니었다. 여전히 오락부장, 미화부장, 체육부장 1순위에 뽑히고 2교시에 점심을 먹고 점심시간이면 방송부에서 들려주는 음악에 립싱크 퍼포먼스로 친구들을 즐겁게 해주는 개구쟁이 여고생이었다. 그러나 나는 친구들이 인정하는 모범생이었다. 모범생이란 꼭 우수한 성적의 학생을 말하는 것은 아니다. 언제나 제일 먼저 새벽 등교를 했고, 누구못지않게 열심히 수업을 들었다. 집, 학교, 도서관을 꼭짓점으로 하는 삼각형 구도 안에서 벗어나지 않는 3년을 보냈다.

수학이 너의 눈을 뜨게 한다. - 플라톤

시대를 이끌어가는 수학공부

우리집 큰 아들은 누가 봐도 착하고 책 잘 읽는 엄친아로 초등학교를 졸업했다. 큰 걱정없이 중학교에 진학했다. 중학교에 올라가서도 즐겁게 놀고 시험 때에는 열심히 공부했고, 대부분의 교내 수행평가와 학교생활을 주도적으로 이끌어갔기에 큰 걱정이 없었다. 그러던 아들이 고입을 앞두고 있을 때 처음으로 미안함을 느꼈다. 공부를 싫어하는 친구라면 일찌감치 유망한 특성화 고등학교를 보낼 생각이었던 나와는 달리 아들은 인문계를 선택했다. 고등학교 진학은 시작부터 순탄치 않았다. 지원했던 고등학교에 인원이 몰리는 바람에 원치 않던 학교로 배정을 받았다. 면학 분위기가 기존에 지원했던 학교보다 많이 부족하다는 평가의 공립 고등학교여서 무척 실망을 했었다. 그러나 실패로 생각되는 일들은 반드시 배움을 주고 기회가 되기도 한다. 아들과 나는 대학의 당락이 결정난 것처럼 심각한 대화를 나눴다. 전학을 갈 수 없다면 어떤 전략을 세워야 할 것인가에 대한 많은 고민 끝에 내신과 수시를 준비하기로 했다.

그리고, 아들에게 2018년부터 일본에서 시행하고 있다는 에 듀테크 교육법 이야기를 들려주었다. 에듀테크 교육법은 문이 과 통합으로 우리나라도 시작하고 있는 교육방법이다. STEAM 교육을 기반으로 하는 학력중심 개인 맞춤형 교육으로 변화하는 데 발맞춰 준비한다면 분명 길이 있을 것이라며 응원했다. 성공한 사람들은 대부분 다중지능의 이론 중 자아성찰력을 갖고 있었다는 이야기와 함께 스스로 주체적인 학습을 이끌어 나가며 미래를 준비하는 고등학교 생활이 되어야 함을 강조했다. 대학입시제도가 해마다 변하지만 그 모든 중심에는 핵심역량을 갖춘 인재를 모집하겠다는 기본이 담겨있다. '어떻게 성적을 올릴까' 이전에 '어떤 미래를 준비할까'라는 생각이 더 멀리 그리고 더 큰 그림을 그리는 방법임을 깨닫기를 바랐다.

아들은 성실함을 무기로 더욱 열심히 공부하기로 했다. 기존 지원했던 고등학교에 입학했다면 느끼지 못했을 소중한 경험이었다. 그 덕분에 지금도 스스로 한계에 도전하고 본인의 부족함을 채우기 위한 다양한 학교 활동을 적극적으로 참여하며 즐거운 고등학교 생활을 보내고 있다.

핀란드 교육이 유행처럼 화두에 올랐을 때 핀란드 수학교육방법과 교과서 구성이 너무 매력적이라 생각했던 적이 있었다. 교사 중심의 교재가 아니라 아이들 중심으로 구성된 교과서가 마음에 들었다. 우리나라의 단원별 개념 위주 배열이 아닌 통합적 사고 위주의 교과서는 도형 파트를 배우면서도 다양한 방법으로 그래프화 시키거나 실생활과 연계된 많은 사례들을 직간접적으로 탐구하도록 구성됐다. 수와 연산의 중요성은 매 단원마다 복습코너를 넣어서 확인 반복하며 다져가도록 준비되어서 특별히 사교육을 받지 않아도 부담없이 공부할 수 있다. 우리나라 교과서도 반복 학습이 많지 않은 부분을 제외하면 자세한 설명과 이해하고 반복하는 개념의 구성이 탄탄한 편이다. 그럼에도 많은 아이들이 개념 이해파트는 중요시 여기지 않고 문제풀이에만 집중하기 때문에 오히려 더 결함이 반복되는 악순환의 학습을 하는 것 같다.

"피할 수 없다면 즐겨라"라는 말처럼 입시제도를 역행할 수는 없다. 대신 빠르게 변화하는 세대에 맞춰 나아갈 수 있는 나만의 색깔과 학습방법을 고민하고 함께 찾아가는 것이 부모로서, 선생님으로서 해 줄 수 있는 가장 큰 과제가 아닐까? 우물 안에서는 우물 밖의 세상을 알 수 없지만 한번 우물 밖을 나와본 개구리는 다시는 우물 속으로 들어가려 하지 않는다. 수학공부는 우물 밖을 나서는 개구리에게 지지대와 같은 큰 힘을 주는 과목이다. 단지 대학을 가기 위해 공부하는 과목이 아니라 수학을 통해 세상을 바라보는 눈을 키우기 위함이다.

수학은 과학의 여왕이고, 산술은 수학의 여왕이다. 그 여왕은 겸손해서 종종 천문학이나 다른 자연과학에 도움을 주기도 한다. - 가우스

수학 겉핥기

사물의 속은 모른 채 겉만 건드린다는 의미로 흔히 '수박 겉핥기'란 속담을 쓴다. 대부분 아이들이 진정한 수학의 의미와 재미는 모른 채 성적을 위해 수학의 개념을 배우고 외우듯 문제를 푼다. 그래서 수학은 문제를 풀어야 하는 하기 싫은 과목으로 천대받고 학년이 올라갈수록 탐구와는 거리가 멀어지다 보니 수학은 포기해야 하는 과목이 되고 만다. 결과는 성적으로만 판단되는 교육정책 속 아이들이 수학을 즐기며 좋아하기란 참으로 어려운 일이 아닐 수 없다. 어쩌면 진정한 문제는 어른과 정책이 아이들에게 제공한 것이라는 사실이 안타까울 뿐이다.

수학을 재미있게 배운다는 건 엄마들을 불안하게 한다. 재미있다는 것이 과연 도움이 될까?라는 의구심 때문이다. 우리의 뇌는 아픔이나 슬픔보다 기쁨과 즐거움을 훨씬 더 오래 기억한다. 어른이 되어도 어릴 때 크리스마스날 받았던 인상 깊은 선물을 기억하거나 프로포즈 받던 날의 생생한 기억 등이 그렇다. 수업을 해보면 아이들의 기억력이 어릴수록 훨씬 선명하고 또렷함에 놀랄 때가 많다. 학원에 있는 400여 개의 보드게임 중 자신이 해봤던 게임과 당시 승부결과까지 이야기하는 것을 보면 이런 머리들인데 왜 학년이 올라갈수록 수학을 싫어하는 걸까 하는 생각이 들곤 한다.

아마도 수학은 재미없는 과목이란 선입견이 아이들이 갖고 있는 재미의 뇌를 닫아버렸기 때문이 아닐까? 수학을 좋아한다는 저학년 아이들 중에도 단원평가 점수가 잘 나온다거나 그로 인해 부모님과 선생님들 등 어른들께 칭찬받았던 기억을 유지하고 싶어 수학을 좋아한다고 표현하는 경우도 종종 있다. "우리 아이가 수학을 정말 좋아해요" 라고 한다면 그 이면에 진정성이 결여된 것은 아닌지 세심하고 주의 깊게 살펴볼 필요가 있다. 진정 수학을 좋아하고 탐구심과 호기심이 있는 아이들의 경우 난이도 있는 문제, 새로운 문제에 도전하는 것을 즐긴다. 수학을 진짜 좋아한다 라고 판단되면 새로운 흥미를 이끌어내는 문제나 환경을 통해 아이의 진짜 마음을 헤아릴 필요가 있다.

　수학적인 감각도 좋고 이해력과 연산력 등 전반적인 역량이 매우 우수했던 초등학교 1학년 친구가 있었다. 초등 수학으로 시작했지만 문제집으로만 배우는 수학이 아닌 좀 더 다양한 수학으로 이끌어주고 싶어 보드게임으로 하는 사고력 수학을 권했다. 기존에 수업에 참여했던 친구들 세 명과 팀을 이뤄 한달 정도 수업을 하더니 사고력 수업은 재미가 없다고 했다. 대체로 모든 아이들이 좋아하는 보드게임 사고력 수업이 싫다는 경우는 극히 드물어 의외였다. 4명이 한 팀을 이뤄 진행하다 보니 적응시간이 필요한건지, 기존 친구들이 이미 사고력 유형의 문제에 익숙해 뒤쳐진 느낌이 드는건지 조금 더 살펴보는 시간이 필요했다. 조금 더 관찰하고 그 이유를 찾았다. 수학을 또래 친구들보다 잘하긴 하지만 좋아하는 이유는 본인 의지라기보다 어른들께 받는 칭찬과 친구들과 비교했을 때의 우월감이었던 것 같다. 이럴 경우 조금만 생각의 깊이가 필요하거나 본인이 쉽게 해결할 수 없는 문제는 거부하게 된다. 쉽게 풀어내기 어렵기 때문이다.

　수학은 쉬워야 한다. 쉬워야 재미있고 재미가 있어야 오래 즐겁게 공부할 수 있다. 아이들이 하는 스마트폰 게임을 보면 그만큼 어려운 게 없어 보이는데 주인공 이름도, 전략도, 얼마나 파악을 잘하고 집중을 하는지. 재미있기 때문에 몰입도는 최고가 된다. 수학도 어릴 때부터 다양한 실생활 속 수학이나 부모님과의 즐거운 놀이로 접근한다면 조금씩 즐겁게 사고하는 실력을 향상 시킬 수 있다. 그러나 이미 그런 과정이 지나고 중학교 이상 고학 년에 접어들었다 해도 늦지 않았다. 지금 나의 수준을 정확하게 파악하고 무리하지 않는 진도에 맞춰 문제를 풀면서 즐겁게 탐구 하는 능력을 키운다면 중학교, 고등학교 때 수포자의 길로 접어 드는 일은 막을 수 있다.

수학적 발견의 원동력은 논리적인 추론이 아니고 상상력이다. – 모르간

119속 수와 숫자

"불이 나면 어디로 전화해야 하죠?"라고 물으면 6, 7세 친구들도 큰소리로 "일일구요"라고 외친다. 세 자리수의 연산은 초등학교 3학년 교과 과정에 나오지만, 100원 500원 등 슈퍼마켓에서 간식을 사고 받는 거스름돈 만으로도 아이들은 이미 세자리수를 알게 된다. 단지 내가 알고 있는 것이 세 자리수라는 개념을 인지하지 못할 뿐이다.

그럼 나는 되묻곤 한다. "왜 백십구라고 읽지 않을까?" 아이들의 대답은 다양하다. "어려우니까요" "전화기에 백십구라고 안 쓰여 있잖아요" 등등. 해맑은 아이들에게 4학년 때 배울 큰 수인 억의 자리, 조의 자리까지 인지시킬 수 있는 방법이 있다.

1의 변신이 그 주인공이다. 아빠가 회사에서 과장도 되고 부장도 되고 사장도 되는 것처럼 1도 자기의 자리에 따라 10도, 100도, 1000도 될 수 있다는 이야기를 해주면 아이들은 모두 눈을 반짝인다. 저녁에 엄마나 아빠에게 지폐를 보여달라고 한 후 천원과 만원을 비교하는 숙제를 내어준다. 바로 정답을 이야기해서는 안 된다. 호기심을 불러일으켰다면 탐구할 수 있는 여유를 줘야 한다. 다음 주가 되면 아이들은 신이 나서 숙제 그 이상으로 탐구한 이야기를 풀어놓는다. 여기서부터는 확장 작업이 무한히 가능하다. 세계의 동전 이야기로 주제를 이끌어 갈 수도 있고, 옛날에는 동전 대신 무엇을 사용했을까?란 사회 영역으로도 접근이 가능하다.

사실 수학이 학년별로 나뉜 것은 연령별 발달 단계에 따른 계단식 학습이 이뤄질 수 있도록 하기 위함이다. 미리 무리한 선행을 할 필요는 없지만 '공부의 신'에 나오는 수학 영재들을 보면 초등 저학년임에도 고등 그 이상의 수학 개념을 전혀 강압이나 무리 없이 소화하곤 한다. 이것은 수학은 학년보다는 경험과 관심에 의해 학습된 학력으로 나눠야 한다는 것을 입증한 셈이다. 어머니들이 처음 아이 모의수업 후 상담을 하면 "가베를 먼저 해야 할까요?" "보드게임으로 하는 놀이 수학을 먼저 해야 할까요?"라는 질문을 많이 한다. 주관적인 의견을 이야기하자면 아이의 나이에 따라 다르지만 5, 6세의 경우 실물로 조작하고 풍부한 경험을 자기 것으로 만들어내는 블록이나 가베놀이를 권한다. 경험상 7세까지만 해도 창의적인 작업에 놀랄 만큼 자유분방한 생각들을 녹여낸다. 그러나 학교에 들어가면 작은 사회생활을 시작하면서 아이들의 두뇌도 학교 생활에 맞춰 창의적인 생각들을 발현할 수 있는 뇌를 사용하는 기회나 시간이 현저히 줄어든다. 똑같은 3가베 정육면체의 쌓기나무 8개를 주면 연령이 어릴수록 다양한 상상력의 작품을 만들어 낸다.

그럼 이미 1, 2학년이 된 친구들이나 가베수업을 받지 않고 교과에서 평면도형을 배우기 시작하는 3, 4학년 친구들은 어떻게 해야 할까? 이 또한 주관적인 의견이지만 실물로 다양한 경험을 할 수 없다면 단순히 교과 내용의 심화 유형학습 문제를 풀기 보다는 기본 원리와 개념을 쉽고 재미있게 익히고 호기심을 가질 수 있는 수학동화를 읽을 것을 권한다. 수학 가베로 7세에 정육면체와 직육면체를 배운 친구들은 3학년 때 배우는 평면도형이 입체로 확장되는 6학년까지도 도형에 대해서만큼은 단순 암기가 아닌 원리와 개념적으로 접근할 수 있어 훨씬 재미있어한다. 이런 재미를 책을 통해 간접적으로나마 경험한 친구들은 5, 6학년 때 배우는 겉넓이나 부피의 개념이 신기하고 흥미있게 된다.

　　정사각형의 '형'과 정육면체의 '체'가 어떤 이름의 의미를 갖고 있는지, 왜 정사각체나 정육면형이라고 부르지 않는지의 개념을 이름풀이로 들려주면 훨씬 더 오래 기억하게 된다. "정사각형은 각이 4개가 있는 도형이라는 의미로 형자를 쓰고 정육면체는 그런 정사각형의 면 6개가 만나서 세울 수 있는 입체가 된다 라는 의미의 세울 입을 써서 정육면체로 불러. 희원이의 이름이 기쁠 '희'자에 근원 '원'이라 기쁨의 근원이 되라는 의미와 비슷한 거야" 라고 이야기해주면 주사위만 보아도 정육면체라고 외치는 연령은 7세 정도면 충분히 가능하다. 초등과정은 다양한 개념을 새로 배우고 익히며 다음 단계로 진입할 수 있는 다리와 뇌의 근육을 키우는 시기다. 요즘은 학년별로 개념을 재미있게 풀어놓은 수학만화도 많고 호기심과 탐구심을 키울 수 있는 책이 너무 잘 나와 있다. 엄마가 조금만 관심을 갖는다면 얼마든지 사고의 영역을 확대해 하나뿐인 내 아이를 개념의 바다에서 헤엄치게 할 수 있다. 중요한 것은 바로 관심과 사랑이다.

수학은 공부하지 않은 대부분 사람들에게는 믿기지 않게 보이는 일들이 있다. – 아르키메데스

홀랜드로 나의 강점 파악하기

내 아이의 맞춤 수학체형을 파악했다면 이제는 디자인된 옷을 잘 입을 수 있도록 빨아주고 다려주고 살펴주어야 한다. 이 관심과 사랑이 그 무엇보다 제일 중요하다. 아이들은 엄마보다 훨씬 예민하고 눈치가 빠르다. 늘 칭찬과 인정에 목말라 한다. 무분별한 칭찬은 독이 될 수 있지만 적정한 칭찬과 보상은 아이에게 수학 공부는 즐거운 것으로 인식하고 동기를 부여하는 큰 도구이다. 결과보다는 과정에 대한 칭찬이 중요하다.

아이들이 최대한 잠재력을 끌어낼 수 있도록 동기를 부여하고 최선을 다할 때는 그 과정을 칭찬해야 한다. 그래야 실패에도 좌절하지 않고 성장의 단계임을 인정할 수 있는 성숙한 아이가 될 수 있다. 나는 특이사항이 있을 때마다 워크지에 부모님 칭싸를 받아오라고 한다. 칭찬싸인의 줄임말로 요즘 아이들이 많이 쓰는 갑분싸나 인싸같은 나만의 약속된 애칭이다. 마찬가지로 개념 유형의 문제가 완벽하지 않은 경우에도 설싸 미션을 준다. QR코드나 동영상 학습 후 부모님께 설명하는 과정을 통한 복습을 숙제로 하고 설명싸인 즉, 설싸를 받아오는 것이다. 똥과 관련된 모든 것에 열광하는 초등학생들에게 설싸는 무거운 숙제를 가볍게 느끼게 하는 나만의 비법이자 부모님과 소통하는 핫 아이템이다. 칭싸와 설싸로 복습하기 오늘부터 시도해보자. 어느 순간 먼저 다가와 조잘조잘 설명하는 예쁜 내 아이를 볼 수 있다.

EBS '공부의 신'에 나오는 전국 상위 1% 학생들만의 비법은 무엇일까? 정답은 "없다"이다. 앞서 간략히 이야기했던 홀랜드를 다시 떠올려보자.

"현탐이는 예뻐지기 위해 사진관에 갔다"는 홀랜드의 6각형에 위치한 유형을 아이들이 기억하기 쉽도록 만들어 본 문장이다. 현실형, 탐구형, 예술형, 사회형, 진취형, 관습형을 통해 나에게 어울리는 유형과 진로 공부 방법 등을 알아보는 성격유형 검사의 한 종류이다. 홀랜드 검사는 진로와 성향뿐 아니라 인간관계 시 의사소통이나 문제해결, 대인관계에서도 상대의 다름을 이해할 수 있는 좋은 도구이다.

아이들은 저마다 지문이 다르듯 선호하는 일이나 직업 공부방법에도 큰 차이가 있다. 대체로 같은 유형에 속하는 친구들의 공부법은 비슷한 맥락을 지니고 있다. 예를 들어 사람을 중요하게 생각하는 사회형 친구들은 혼자서 공부하기 보다는 친구와 함께 공부하거나 누군가에게 설명하는 과정을 통한 복습이 효율적이다. 친구들과 공부하는 것이 도움이 되는 친구를 부모님이 독서실에 보내면 한 시간이면 끝낼 수 있는 과제를 몇 시간을 낭비하게 될지도 모른다.

그러므로 내 아이의 성향을 파악하고 알맞은 공부법을 제시해야 한다. 사람들과 소통하며 살아가는 부분에도 상대방과 나의 다름을 파악하는 일은 관계에 있어 매우 큰 도움이 된다. 그럼 지금부터 각 유형별로 특징을 알아보자.

자, 볼펜을 사러 문구점에 갔다. 각 유형별로 선호하는 볼펜이 다르다.

현실형 : 튼튼한 볼펜
탐구형 : 기능이 많은 볼펜
예술형 : 예쁜 볼펜
사회형 : 친구가 사는 볼펜
진취형 : 비싼 만년필
관습형 : 모나미볼펜

내 아이만큼은 수포자가 아니었으면

유형별 성향에 대해 조금 이해할 수 있다. 그럼 하나 더 예를 들어 음식점으로 가보자.

> 현실형 : 양 많은 음식
> 탐구형 : 퓨전음식이나 신메뉴
> 예술형 : 예쁘게 플레이팅 된 음식
> 사회형 : 친구가 먹는 메뉴
> 진취형 : 맛없어도 좋다 코스요리
> 관습형 : 늘 먹던 요리 어제와 같은 메뉴

R(realistic) : 현실형

– 불이 뜨거운지 직접 만져보고 싶어 하는 유형(예 : 경찰, 운동선수)

I(investigative) : 탐구형

– 한 분야를 연구하고 탐구하기를 좋아하는 유형(예: 과학자, 교수)

A(artistic) : 예술형

– 독창적이며 아름다운 것을 추구하는 유형(예: 작가, 연예인)

S(social) : 사회형

– 사람들과의 소통을 통해 의미를 추구하는 유형(예: 종교인, 교사)

E(enterprising) : 진취형

— 열정적이며 리더쉽과 야망이 있는 유형 (예: 전업주부, 정치인)

C(conventional) : 관습형

— 책임감이 강하고 익숙한 반복패턴이 편안한 유형 (예: 안전관리사, 공무원)

*현실형 | 불이 뜨겁다고 배우면 직접 만져봐야 하는 성격으로 계획을 세우거나 실천하는데 어려움이 있고 책 읽기를 싫어한다. 외향적인 성향으로 고집이 있고, 에너지가 외부로 표출되는 유형이므로 운동 등을 통해 에너지를 발산할 수 있는 환경을 제공하면 좋다. 한 가지 과업을 끝까지 완수하는 능력을 키울 수 있도록 관심 분야를 살펴보며 꾸준히 진행할 수 있도록 도와주어야 한다.

*탐구형 | 대체로 공부하는 것에 어려움을 느끼지 않는다. 그러나 좋아하는 과목만 공부하는 고집과 주관이 뚜렷해 성적 불균형이 올 수 있다. 싫어하는 과목에 호기심과 흥미를 느낄 수 있도록 체험학습 등을 통해 경험의 영역을 넓히는 것이 좋다. 관심의 시야를 넓혀 과목편식을 하지 않도록 도와주어야 한다.

*예술형 | 창의적이고 독창적인 친구들이 많은 유형이다. 본인의 관심사에 깊게 빠져드는 경향이 강하다. 반복되는 과업을 싫어하며 틀에 박힌 한 가지 공부 방법에 쉽게 싫증을 낼 수 있고 다방면에 관심을 보인다. 다양성과 함께 본인만의 색깔을 찾는데 적극적으로 지지하며 꾸준하게 역량을 쌓을 수 있도록 도와주어야 한다.

*사회형 | 사교적이며 배려심이 많고 사람들과의 교류를 좋아하는 유형이다. 혼자 공부하기 보다는 학원 등 선생님과 친구들이 있는 환경에서 효율적인 성과를 나타낸다. 반면, 친구들에게 휩쓸릴 수 있는 부분은 늘 조심하도록 살펴줘야 한다. 사람들 사이에서 인정받으며, 큰 보람을 느끼고 동기부여가 되는 친구들이 많다. 사람과 환경이 약이 될 수도, 독이 될 수도 있으니 관심과 대화를 통해 자신에게 잘 맞는 환경을 찾을 수 있도록 이끌어줘야 한다.

*진취형 | 학급 임원이나 학습 동아리 리더의 경험이 동기부여가 되는 유형이다. 진취적이고 열정과 야망이 있으나 세밀한 부분을 놓칠 수 있다. 본인의 역량을 파악하고 무리하게 계획을 세우거나 많은 과업을 추진하지 않을 수 있도록 세심한 관찰이 필요하다. 작은 성공의 경험이 큰 동기부여가 될 수 있는 유형이

니 대회의 경험이나 그룹을 이끌어 함께 공부하는 충분한 경험을 쌓도록 도와줘야 한다.

*관습형 | 반복되거나 익숙한 패턴에서 편안함을 느끼는 유형으로 책임감이 뛰어나고 정확한 것을 좋아한다. 공무원, 은행원 등의 직업에서 많이 볼 수 있는 유형이다. 성실한 학습형으로 본인의 숨겨진 역량을 파악하기 어려울 수 있다. 고유함을 인정받으면서도 잠재된 역량을 이끌어 낼 수 있도록 도와줘야 한다. 독서나 글쓰기 또는 운동 등으로 자신을 찾고 표현하는 방법을 익히도록 이끌어주면 도움이 된다.

홀랜드는 직업에 대한 성향을 기준으로 6가지 유형으로 나눠 큰 맥락을 확인하는 작업이다. 작은 가지치기와 세부적인 나만의 직업 등에 대해서는 다중지능 disc 검사 등을 통해 좀 더 자세하게 알아볼 수 있다. 홀랜드는 서로의 다름을 인정하고 아이의 성향을 파악해 올바른 학습방법 등을 제시하는 정도로 활용하면 된다. 엄마인 나는 SAR이 대표적인 1, 2, 3순위지만 우리집 아이들은 둘 다 ICS형이다. 외향적인 엄마와 많이 부딪치는 내향형이다. 나는 홀랜드 유형을 알게 된 후 그 다름을 인정하고 배려하며 기다릴 수 있는 여유를 갖게 됐다. 늘 밖으로 체험학습 등을 데려가고 싶어했던 나와는 달리 집에서 조용히 책보며 쉬는 걸 좋아했던 아이들이 답답했다. 그러나 그 또한 다름에서 오는 것이라는 걸 알게 된 후 마음에서 포기했다. 아들, 딸은 둘 다 세무사와 도서관 사서가 되는 것이 꿈이라고 한다. 나와는 많이 다른 성향이기에 이해하기 어려웠지만 지금은 누구보다 믿고 응원하고 있다. 나와 내 아이에게 한걸음 다가가는 기회로 생각하고 함께 해보면 어떨까?

인간의 어떠한 탐구도 수학적으로 보일 수 없다면 참된 과학이라 부를 수 없다. - 다빈치

수학 못한 엄마, 수학이 제일 쉬운 아이
(다중지능-논리수학지능)

쌍둥이 아롱이와 다롱이의 부모님은 국어교사다. 현재 초등학교 3학년이 된 아롱이와 다롱이를 처음 만난 것은 아이들이 7살 때였다. 집이 멀고 자리가 없어 대기를 하다 합류하게 된 친구들은 이란성 남녀 쌍둥이 임에도 큰 차이없이 놀이 수학을 좋아했다. 그러나 수학을 좋아하는 아롱이보다 부모가 보기에 늘 부족하다 느끼던 다롱이에게 더 신경이 쓰였다. 매주 브리핑 때마다 "선생님, 제가 수학을 잘 못 했거든요."라는 이야기를 했다.

부모가 수학을 좋아하고 잘하면 자녀들도 수학을 잘한다는 공식이 있는 걸까? 유전자적인 요소가 크겠지만 공식처럼 적용되지는 않는다. 학창시절 수학에 대한 두려움과 기피현상이 있었던 부모일수록 본인이 느꼈던 감정을 자녀는 느끼지 않았으면 하는 바람이 강하다.

하버드대학 교수인 가드너의 다중지능 이론은 독립적인 인간의 능력 중 연관성이 적은 8가지로 인간의 특성을 구별한다. 언어, 논리수학, 공간, 음악, 신체운동, 인간친화, 자아성찰, 자연지능 이렇게 8가지다. 지문검사처럼 다중지능 검사에 따른 성향 파악은 진로 결정 시 많은 도움이 된다. 그렇다고 논리수학지능이 높다고 해서 꼭 수학과 관련된 직업을 갖는 것은 아니다. 논리수학지능과 신체운동지능이 높은 친구지만 홀랜드적 성향은 관습형이나 탐구형이라면 스포츠 관련 데이터를 분석하거나 연구하는 일이 적성에 잘 맞을 수 있다. 오히려 유명한 수학자들의 경우 논리수학지능과 더불어 예술형 또는 음악지능 등 아티스트적인 성향을 지닌 학자들이 더 많았다. 이는 하나의 성향보다는 여러 복합적인 선호도를 통해 자신이 좋아하는 일과 잘하는 일을 구별할 수 있고 희소성 있는 가치를 개발할 수 있도록 꾸준히 관심을 가져야 한다는 것이다.

나는 다중지능 검사로는 논리수학지능이 언어지능과 인간친화력과 거의 비슷해 수학도 인문학처럼 감성과 동기를 부여하는 방향으로 가르치는 것 같다. 이렇듯 여러 가지 내면의 조화가 고유한 한 사람을 표현한다고 보는 것이 더 정확하다. 그럼 선천적으로 수학을 좋아하고 잘하는 친구가 아니라면 수포자의 길을 걸어야 할까? 그렇지 않다. 수학은 충분히 후천적인 훈련과 학습으로 극복할 수 있다. 앞서 소개한 다롱이의 경우에도 2년 동안 꾸준히 놀이 수학 수업으로 사고력을 다지고 연산연습과 유형학습으로 한 결과, 놀이 수학 클래스에서 연산이 제일 빠른 아이가 되었다. 그때부터 자신감이 붙어 그 이후로는 누구보다 성실히 오답노트를 정리하며 반에서 수학을 가장 잘 하는 아이로 인정받게 됐다. 여전히 심화유형이나 서술형에는 두려움도 있고 여러번 반복해야 이해하는 어려움도 있지만, 이 또한 꾸준한 훈련으로 충분히 극복할 수 있다. 수학은 결코 유전자가 전부가 아니다. 노력과 근성 그리고 자신감이라고 해도 과언이 아니다.

우리는 우리의 판단력보다는 도리어 대수적 계산에 신뢰를 두어야 한다. - 오일러

경시대회의 허와 실

규모가 큰 학원의 입구에 작년 대회 수상경력이나 입시 결과 등이 자랑처럼 붙어 있는 것을 흔히 볼 수 있다. 처음 작은 교습소를 차리고 첫 학기에 무조건 경시대회 수상 이력을 학원 문 앞에 걸어놓아야 할 것 같아 학원 모든 아이들과 함께 경시대회 준비를 했다. 아이들을 달래가며 기출문제를 수십 번 반복했다. 경시 대회의 수준도 천차만별이라 유명하다는 성대경시부터 수월하게 경험을 쌓을 수 있는 작은 출판사 경시대회까지 욕심을 냈다. 초창기에 그 모든 경시를 경험시켜 주기 위해 아이들과 풀었던 경시 유형 문제집 분량만 성경책 몇 권은 될 것 같다.

그 중에서 전년도 타 경시대회 상위 1%로 내심 기대하며 어렵기로 유명한 성대경시대회에 도전했던 하은이가 400명 중 100등을 했던 적이 있다. 실망보다는 단순히 변별력과 문턱을 높이기 위해 너무 어려운 문제에 도전한 것이 오히려 아이의 흥미를 잃게 하고 자존감을 떨어뜨리는 반감으로 나타난다는 것을 알게 된 소중한 경험이었다. 그 이후로는 교과 수준에서 크게 벗어나지 않는 선에서 준비하며 심화 서술을 경험할 수 있는 경시대회에 도전했다. 단순히 결과가 아니라 준비의 과정 속에서 실력이 향상된다는 것을 아이들이 알게 하고, 고생한 아이들을 통해 보람을 얻고 싶은 내면의 욕심이 있었던 것 같다.

다행히 첫해에는 최우수상, 우수상, 장려상에 무려 상위 1%의 아이까지 나와 우수 교사상을 받기도 했다. 그러나 수상을 못하거나 점수가 좋지 않은 아이와 부모님이 상처를 받는 경우가 훨씬 많았다. 그 이후에는 기출문제를 한두 번 풀어보는 정도로 준비하고 실력의 여부를 떠나서 도전하고 싶은 친구 위주로 신청받아 대회에 참석했다.

해법경시의 경우, 평상시에 다져진 기본기와 이해력, 서술형을 해결하는 사고력 등의 힘만으로도 충분히 최우수상을 받는 친구들이 있었다. 부담 없이 대회의 긴장감과 학교 밖 또래 친구들과의 경쟁으로 나의 실력을 점검하는 도전 정도로 접근하니 생각 외로 많은 아이들이 경시대회 참가를 원했다. 경시대회의 최종 목적은 수상이 아니다. 물론 엄마와 선생님으로 수상에 욕심을 내지 않을 수 없다. 그러나 제일 우선시해야 할 것은 아이 스스로 동기부여가 되어 시험에 임했는지, 부담 없이 즐기며 준비했는지가 우선이 되어야 한다. 그렇게 파악된 자신의 결함을 채우며 다음 라운드를 준비하는 것이 진정한 경시대회의 목적인 것 같다.

수학의 본질은 그 자유로움에 있다. – 칸토어

내 아이만큼은
수포자가
아니었으면

열권의 문제집보다 중요한 것은?

　좋은 학원이란 어떤 학원일까? 문제집을 많이 푸는 학원? 긴 시간을 공부하는 학원? 둘 다 아니다. 대부분의 아이들은 수학학원 오는 것을 좋아하지 않는다. 선생님 혹은 친구들과의 관계가 좋아 학원에 오는 것을 즐거워할 수는 있지만 정작 수학공부를 하는 것은 귀찮아하는 아이들이 꽤 있다. 이럴 때는 여러 가지 처방이 필요하다. 사춘기 고학년인 경우, 친구와 함께 공부하는 즐거움을 느끼게 해주었을 때 슬럼프를 극복하는 경우가 있다. 중학교 이상의 친구들은 자기들끼리 진도와 숙제 등에 경쟁모드를 만들어 동기부여를 시키기도 한다. 간식과 칭찬으로 아이의 학습태도와 숙제 등 과정의 성실성을 폭풍칭찬하며 친구들의 자존감을 높이고, 하고 싶은 마음을 불러일으키는 것은 선생님의 몫이다. 수학은 맞춤옷과 같다. 선생님이 모든 아이들에게 꼭 맞는 옷을 재단할 수는 없겠지만 아이들이 자기에게 맞는 학습법으로 공부를 하고 있는지, 맞춤 학습을 가장한 유형의 반복으로 제자리 걸음을 하고 있는 것은 아닌지 세심하게 살펴봐야 한다. 문제집의 권수나 학원에서 공부하고 온 시간보다 얼마나 집중하며 성실히 임하는지, 과제는 빠지지 않고 준비하는지, 오답노트를 확인하며 칭찬과 격려로 아이의 든든한 지원군이 되어야 한다.

5학년 초반부터 함께 공부하게 된 준이는 3년 때부터 학교 앞 보습학원을 다녔다. 연산문제 풀이 속도와 정확도가 뛰어나고 성실해서 첫 시작부터 굉장히 기대했던 기억이 있다. 그러나 막상 단원평가 점수는 80점대를 벗어나지 못했다. 숙제도 완벽하고 집중력도 좋아 문제도 잘 풀어내는데 무엇이 문제였을까? 가장 큰 문제는 유형 변화에 익숙하지 않다는 것이었다. 그동안 많은 양의 문제를 풀어 유형을 외우듯 암기형 수학학습법을 한 것이 문제였던 것이다. 때문에 유형의 순서만 조금 바뀌어도 다른 문제로 인식하고 유독 서술형에 어려움을 보였다. 집중력과 연산력을 갖춘 준이의 부족함을 극복하기 위해서는 문제풀이의 양을 줄이고, 왜 수학을 공부해야 하는지 목적 의식을 가지며 수학에 대한 즐거움을 찾아주는 것이라 판단했다. 먼저 준이 어머님께 이미 잡혀있는 잘못된 습관을 고쳐야만 하는 이유와 그 기간이 의외로 길어질 수 있다는 것에 대해 미리 양해를 구했다. 준이에게는 수학을 왜 해야 할까? 지금까지 수학공부를 점수로 정해본다면 몇 점 정도일까? 내가 부족한 부분은 무엇일까?에 대한 답을 찾아오도록 했다. 기본적으로 책읽기를 싫어하는 친구라 이해력과 응용력이 부족한 부분을 스스로 느끼고, 더 늦기 전에 독서에 재미를 붙일 수 있도록 했다. 동시에 개념과 서술 다지기를 중점적으로 하면서 이해력과 유사유형 학습으로의 응용력을 키우는 데 집중했다.

그 후로 준이는 딱 반년 후에 학원을 그만뒀다. 문제풀이의 양이 너무 적고, 책 읽는 것이 단숨에 서술형 등의 효과로 나타나지 않음을 답답해한 어머니와 나의 주관이 맞지 않았던 것이다. 책읽기와 이해력이 하루 아침에 만들어지지 않듯, 단숨에 서술형 문제에 적응할 수는 없다. 그러나 한번 궤도에 오른 서술형에 대한 역량은 큰 이탈없이 꾸준히 유지가 된다. 물이 끓는 점이 되어야 끓고, 얼음이 어는 점이 되어야 얼 듯 임계점을 넘어설 때까지는 시간을 투자해야 한다. 단언컨대, 탄탄한 개념이해를 바탕으로 서술형의 문제를 스스로 해결할 수 있는 힘은 날로 어려워지는 중고등 수학을 즐겁게 맞이할 수 있는 기본이다.

자기에게 꼭 맞는 한 권의 문제집을 완벽하게 소화하는 데는 제법 오랜 시간이 걸린다. 선생님과 함께 오답을 수정했더라도 혼자서 풀어보려면 해결이 안되는 문제들이 꽤 있다. 다시 한 번 반복하고 다지는 과정을 통해 반드시 나만의 문제로 100% 소화를 시켜야 한다. 오답 유형은 최소한 3번은 반복학습이 되어야 한다. 완벽 이해가 된 후 한 단계 높은 다음 문제집으로 넘어가야 한다. 아이가 원하는 방향에 따라 기존 문제집의 반복 확인차 속성으로 빠르게 다시 풀어보는 것도 좋은 방법이다. 짧지만 그 과정을 통해 아이의 메타인지와 탄탄한 기본기 근육이 한층 단단해지기 때문이다. 많은 문제집, 많은 시간 학습이 결코 정답은 아니다. 양보다 질이 우선임을 기억해야 한다.

수학은 사고를 절약하는 과학이다. - 푸앵카레

내 아이만큼은
수포자가
아니었으면

소수행 소학행 수확행?

*소수행 : 소소한 수학의 행복

*소학행 : 소통하는 수학의 행복

*수확행 : 수학으로 확실한 행복찾기

갓 구운 빵을 손으로 찢어 먹는 것, 서랍 안에 반듯하게 접어 넣은 속옷이 잔뜩 쌓여 있는 것, 새로 산 정결한 면 냄새가 풍기는 하얀 셔츠를 머리에서부터 뒤집어쓸 때의 기분…

소소한 일상에서 찾을 수 있는 작은 행복의 빈도수를 높여가다 보면 확실히 나도 모르는 어느새 자연스레 작은 행복을 만끽하고 있을 것이다.

> 일본 작가 무라카미 하루키의 〈랑겔한스 섬의 오후〉에서 작
> 가가 정의한 〈소소하지만 확실한 행복〉

나는 이 문장을 수학에 적용시켜 보려 한다. 행복과는 거리가 멀 것 같은 수학과 함께 어떻게 행복해질 수 있을까? 그 방법을 지금부터 알아보자.

박요철 작가는 『스몰스텝』이라는 책에서 매일 10분씩만 작은 일을 실천하면 일어나는 변화의 힘을 이야기한다. 팔굽혀펴기 1개, 매일 2줄쓰기 등의 작은 실천이 습관이 되고, 시간이라는 강력한 도구와 만나면 어떻게 될까? 가랑비에 옷 젖는다는 옛 속담처럼 어느새 몸짱이 되어 있지 않을까? 작가의 환상일지도 모르겠지만 작은 습관의 힘은 위대하다. 좋아하는 드라마나 TV프로그램에 몰입하다 보면 어느새 끝나는 시간이 되는 경험은 누구나 있을 것이다. 재미라는 큰 요소가 작용했기 때문이다.

아이들이 수학에 몰입하면 뇌는 작동을 멈추고 무념무상의 상태에 빠지게 된다. 누군가 "너 오늘 아침 뭐 먹었어?"라고 물어본다면 아마도 무의식 중에 시선을 하늘로 향할 것이다. 이는 지금

보고 있는 상황에서 벗어나 생각이라는 것을 하기 위한 무의식적인 동작이다. 수학도 문제해결에 재미를 느끼게 되면 누가 부르는 것도, 시간이 지나는 것도 모를 정도로 몰입하게 된다. 만약 아이가 도통 집중을 못하고 산만하다면 수학에 재미를 느끼지 못하기 때문이다.

수학으로 확실히 행복해지려면 일단 수학이 재미있어야 한다. 수학이 어떻게 재미있을 수 있느냐?라고 묻는다면 그것은 선입견이다. 부모들의 이런 생각이 그대로 아이들에게 전달되기를 원하지 않는다면 지금부터라도 생각과 말을 바꿔야 한다. 엄마는 수학을 싫어하고 어려워했지만, 너만은 수학을 잘했으면 좋겠다는 생각은 아이들에게 부담을 줄 뿐이다. 엄마도 어렵고 싫어했던 수학을 나는 왜 잘해야 하지? 라는 반감을 갖고, 수학에 대한 거부감만 쌓게 한다.

요즘 우리 아이들은 '대탈출'이라는 예능 프로그램에 빠져있다. 어떤 상황과 공간을 제시하고 미션을 해결하면 다음 단계로 넘어가고 최종 탈출을 할 수 있는 '방탈출' 같은 내용이다. 억지스럽거나 너무 황당한 연결고리를 제시하기도 하지만 다양한 상황을 여러 각도에서 생각해 볼 수 있는 재미있는 수학 프로그램이라고 생각하며 나 역시 즐겨 시청하고 있다. 나는 '문제적 남자'

라는 프로그램을 좋아한다. 방탈출보다는 좀 더 수학적인 접근이 가능한 다양한 문제를 접할 수 있다. 가끔 이 프로그램에서 접한 문제를 고학년 아이들에게 제시하기도 하는데, 간식미션이라도 걸어주면 학년을 불문하고 얼마나 좋아하고 재미있어 하는지. '우리 아이는 수학을 싫어해'라는 생각을 갖고 있는 부모들이 본다면 깜짝 놀랄 정도로 빠져들어 즐긴다.

교과 수학이 방송처럼 재미가 있을 수는 없겠지만 목표를 낮춘다면 가능하다. 아이라면 누구나 문제를 해결하려는 욕구를 갖고 있다. 다만 단계가 너무 높거나, 문제를 이해하기 어렵기 때문에 재미와 흥미는 떨어질 수밖에 없다. 이제 막 달리기를 시작한 사람이 마라톤을 완주할 수 없듯이 영어에 막 흥미를 느끼기 시작한 아이에게 영어 동화책을 읽어준들 이해할 수 없는 것과 같은 맥락이다. 쉬운 미션부터 시작해 달리기와 영어처럼 꾸준히 반복하는 것이 수학이 재미있어지고, 계속하고 싶어지는 동기가 된다.

목표가 지나치게 높으면 "나는 수학을 못하는 아이야. 수학은 어려워"라는 자괴감과 잘못된 고정관념을 갖고 포기하게 된다.

"이 정도로 공부가 되겠어?"라는 생각이 들 만큼 쉽고 부담없이 매일 실천하는 소소함이 습관으로 자리잡을 수 있도록 작은 목표를 정해보자. 아빠도 동참해 온 가족이 함께 실천한다면 더 없이 좋은 소통의 도구가 될 것이다. 매일매일 아이와 서로 격려하고 칭찬하며 서로의 달력에 칭찬 싸인을 해주며 응원해보자.

늘 칭찬을 받기만 했던 아이는 엄마와 아빠에게 칭찬하는 주도권을 갖는 사람이라는 자부심을 느낄 수 있고 엄마와 아빠 또한 작은 실천을 꾸준히 실천하는 것이 쉽지 않다는 것을 공감하는 소중한 시간이 될 수 있다. 함께 만들어가는 스몰스텝의 힘, 누구도 예측할 수 없는 훌륭한 결과를 경험해보자.

수학은 인종이나 지리적 경계도 모르기에, 수학에 있어서 문화를 지닌 세계는 모두 한 나라다. - 힐베르트

분수 3세부터 배울 수 있다?

"피자 한 판을 99명이 나눠 먹으려고 한다. 한 명이 먹게 되는 피자 조각을 숫자로 표현하면 어떻게 될까?" 분수의 개념은 초등학교 3학년 때 배우게 된다. 그러나 나는 6세 놀이 수학 수업부터 교구로 분수를 접하도록 한다. 1/2과 1/3조각, 1/4과 1/6조각 그리고 1/8과 1/9조각으로 둥근 피자 1판을 직접 만들며 크기 가늠도 하고 다양한 조각으로 만들어보기, 크기 비교하기, 한판을 만들 수 있는 짝 찾기 등을 통해 자연스레 분수의 개념을 인지하도록 하는 것이다.

분수란 수를 똑같이 나눈다라는 개념이다. 나는 큰 아들이 3살 때부터 사과를 먹을 때 반으로 잘라서 2개가 되었다가 다시 한번 자르면 4개가 되는 과정을 직접 보여주며 자연스레 분수를 경험하도록 했다. 사과 3개로 4명이 나누어 먹으려면?이란 질문을 통해 호기심을 이끌어 주었다. 귤을 먹을 때는 몇 조각인지 세어보고 엄마랑 둘이 먹으려면 몇 개씩 먹을 수 있을지 나누어 보는 놀이를 하며 자연스럽게 나눗셈과 분수의 개념을 익혔다. 초등학생이 되면 스케치북에 다양한 모양의 피자판을 정사각형, 정삼각형, 직사각형, 육각형으로 그리고 '도형피자가게' 놀이를 하기도 했다. 피자는 둥글다 라는 개념에서 벗어나 삼각형과 사각형 등으로 확장해 똑같이 나누기 활동으로 이끌었다.

"3학년이 되어 연산도 세자리로 늘어나고 분수를 배우기 시작하면서 수학을 어려워하기 시작했어요."라는 상담을 하는 경우, 이제부터라도 실생활 속 분수놀이를 통해 재미의 요소를 느끼게 하라고 먼저 권한다. 사과 한 개면 충분하다.

아이들은 익숙하지 않은 용어를 어려워한다. 분수의 단원에서도 단위분수가 무엇인지 헷갈려하는 친구들이 있다. 단위분수란, 1명이 먹게 되는 기준 양으로 분자가 1인 1/2, 1/3, 1/4로 표현된다. "1/2은 피자 한 판을 두 명이 나눠 먹는 조각이고, 1/99는 피자 한 판을 99명이 나눠 먹는 조각이야." 이렇게 공부한 친구들은 두 명이 먹는 피자(1/2)가 네 명이 먹는 피자(1/4)보다 크다는 크기 비교의 문제에서도, 2/5를 다섯으로 나눈 것 중 두 개라는 개념에서도 절대 헷갈려하지 않는다.

　"분수는 또 어디에 숨어있을까?"라고 질문하면 아이들의 눈은 반짝이며 경청모드로 들어간다. 숨바꼭질은 모든 아이들이 좋아하는 놀이다. 공원이나 놀이동산에 가면 볼 수 있는 물이 나오는 음악분수도 찾을 수 있고, 개구리가 황소처럼 몸을 키우려다가 부풀어진 몸이 빵터지는 이야기로 지금 처해있는 상황을 파악하라는 '네 분수(처지)를 알아라'는 의미도 찾을 수 있다고 알려주면 몰입도는 최고조에 이른다. 분수를 처음 배울 때 아이들이 제일 어려워하는 부분이 바로 분모와 분자의 개념과 위치다. "철수가 엄마를 업니? 엄마가 철수를 업니?"라고 물어보면 너무나 재미있어하며 "엄마가 저를 업지요"라고 대답한다. 그럼 나는 엄마가 아들을 업고 있는 그림을 그려놓고 엄마가 아래에 있으니 母를 써서 아래에 있는 수가 엄마(분모)가 되고, 위에 업힌 아들이 子(분자)가 된다고 설명한다. 또한 엄마가 아들을 닮을 수는 없으므로 기준은 늘 분모인 엄마가 되는 것이다. 때문에 엄마를 먼저 읽고 쓴 후에 비교해야 하는 아들을 쓰고 읽는다고 배운 아이들은 절대로 틀리지 않는다. 아이들 머릿속 분수의 개념과 위치는 재미있게 기억되어 있기 때문이다.

　초등학교 4학년부터 분수의 사칙연산을 배운다. 분수의 덧셈,

뺄셈을 배우고 5학년에는 곱셈, 6학년 때 나눗셈까지 확장된다. 이 과정은 중학교 1학년 때 처음 배우는 정수와 유리수의 연산에도 기본이 되기 때문에 반드시 개념 원리를 이해하고 연산과정 다지기를 반복해야 한다. 기본 개념을 탄탄히 다져놓아야 아이들이 분수의 개념에 대해 두려워하지 않기 때문이다.

5학년 때 배우는 약분과 통분 또한 분수의 확장개념이다. 3학년 때 분수의 크기 비교 개념을 다지고 올라와야 같은 크기의 분수가 커지고 작아지는 약분의 관계를 이해할 수 있다. 4학년 때 배운 분수의 덧셈, 뺄셈과 5학년 때 배우는 곱셈 연산을 헷갈려 하는 친구들이 있다. 덧셈과 뺄셈은 통분의 과정을 거쳐야 하지만 곱셈은 약분만으로도 계산이 가능하다. 이 과정을 이해하지 못한 친구들은 덧셈과 뺄셈을 약분으로 계산하거나, 통분의 개념과 구분하지 못하기도 한다. 이때 부족한 결함과 분수의 덧셈, 뺄셈, 곱셈의 개념 원리를 정확히 다져놓아야 6학년 때 분수의 나눗셈과 혼합계산을 어렵지 않게 익힐 수 있다.

중학교 1학년 때 자연스럽게 확장되는 정수와 유리수의 사칙연산은 친구들의 연산 실수가 제일 많은 부분이다. 분배법칙과 결합법칙 등을 적용해야 하는데 초등학교 때 배운 분수의 혼합계산에서 통분으로 계산해야 할 과정과 약분으로 계산할 부분을 어려워한 친구들은 그 이상의 개념으로 확장될 수 없다. 기준이 되는 분모가 서로 다른 분수의 덧셈과 뺄셈을 위해 필요한 통분의 과정을 이해하지 못한 채 학년이 올라온 경우다. 조금 더디더라도 초등과정에서 익히지 못한 개념이 있다면 반드시 다지고 넘어가야 한다.

수학은 계단식 학습이다. 아랫부분이 무너진 채 학년이 올라가면 반드시 넘어지는 상황을 만난다. 연산의 기술보다는 분수처럼 원리 이해로 접근해 탄탄한 수학의 기본기를 만들어가는 즐겁고 쉬운 수학이 되어야 한다.

수학은 지극히 뻔한 사실을 전혀 뻔하지 않게 증명하는 걸로 이루어진다. - 죄르지

내 아이만큼은
수포자가 아니었으면

4장

적을 알고 나를 알면
백전백승 5대 영역

내 아이만큼은
수포자가
아니었으면

다섯 글자로 말해요

다섯 글자로 말해요 놀이를 해본 적이 있는가? 나는 지금도 가끔 아이들과 지하철로 이동할 때 스무고개처럼 다섯 글자로 말하기 놀이를 한다. 이제 사춘기인 아이들과 대화하기 쉽지 않은데 재미있는 다섯 글자로 질문을 하면 웃으며 대화의 문을 열 수 있다. 아이들이 어릴 때는 유치원 가는 길까지 보이는 사물을 다섯 글자로 표현하는 놀이를 자주 했었다. "구름 모양은?" "나무 같아요" "무슨 나무야?"라고 물었더니 6살이던 큰아들이 "모르겠어요"라는 다섯 글자로 대답해 한참 웃었던 기억이 있다.

학원에서 수학을 다섯 글자로 말하면? 이란 주제로 학생들의 생각을 들어본 적이 있다.

엄마잔소리

빨리끝내자

엄청중요해

숙제해야지

너무귀찮아

수학은한약

수학은노잼

수학은허들

수학은수염

수학은방구

수학은좀비

수학은죽음

수학은두통

　보는 것처럼 90% 이상이 부정적인 표현이었다. 나 역시 '영어
울렁증'이 있는 사람이라 수학을 싫어하는 대다수 학생들의 마음
을 알고는 있었지만 "수학은꿀잼"이나 "너무재밌어"가 한두 명은
있을 줄 알았는데 안타까웠다. 술술 문제가 풀렸으면 좋겠다며
"수학은휴지"라고 쓴 학생의 답이 말해주듯 수학은 문제를 해결
하는 학문이다. 그러나, 수학은 단순히 문제를 풀어야만 하는 어
려운 과목은 아니다. 수학의 재미를 경험하도록 하기 위해 고민

하다가 만든 나만의 놀이가 바로 '다섯글자로 말해요'이다.

다섯가지나 5로 표현할 수 있는 것은 주변에서 많이 찾아볼 수 있다. 단풍잎도 손가락 모양의 다섯 개를 갖고 있고, 영화나 맛집을 평가하는 평점도 별 다섯 개로 표현한다. 초 · 중 · 고등학교 수학 역시 5개의 영역으로 나누어 볼 수 있다. 지금부터 수학의 5대 영역을 알아보자.

왜 수는 아름다운가? 이것은 왜 베토벤 9번 교향곡이 아름다운지 묻는 것과 같다. 당신이 이유를 알 수 없다면, 남들도 말해줄 수 없다. – 에르되시 팔

5대 영역이 뭐라고?

1. 수와 연산

2019년 최고의 드라마는 아마도 '스카이캐슬'이지 않을까? 드라마를 보지 않아서 정확한 내용을 알 수는 없지만 제목만으로도 어떤 드라마인지 짐작할 수 있었다. 개인의 역량을 변별하고 발전시키기 위한 경쟁은 피할 수 없다. 그러나 개인의 잠재력과 타고난 능력을 개발시키는 차원으로 보면 우리나라 교육방식은 중·고등학교로 올라갈수록 획일화되어 한 곳만을 바라보고 가야 하는 것 같아 안타깝다. 그 안에서 자신의 꿈을 찾고 이뤄가기 위해 고군분투하며 뛰고 있는 아이들이 있다.

내 꿈을 향한 42.195km의 마라톤을 완주하기 위해서는 기초체력부터 긴 시간 훈련과정이 필요하다. 수학을 긴 마라톤으로 본다면 초등학교 때는 기초체력을 기르는 시기다. 유치원에서 친구들과 다양한 활동을 통해 사회성과 즐거움을 경험했다면 이제 조금 더 규칙적인 학습을 하기 위한 기본기를 다질 시간이다. 초등수학의 교과과정을 5대 영역으로 나누어 학년과 교과별 구성 내용과 영역에 맞게 단계별 학습을 준비할 수 있는 방법을 알아보자.

수와 연산(문자와 식 포함)

수학에서 연산은 기본이 되는 매우 중요한 부분이다. 때문에 맹목적인 암기식 훈련보다는 무엇보다 원리와 개념에 대한 확실한 이해가 필요하다. 그러나 '연산은 그냥 풀면 되지 무슨 원리와 이해야?'라고 반문할지도 모르겠다. 그렇다면 2학년 때 나오는 곱셈구구의 구구단을 다 외울 줄 아는 1학년 친구에게 $3 \times 9 = 9 \times 2 + \square$라는 식을 제시해보자. 아마도 당황할 것이다. 계산을 해서 풀 만큼 두 자리 덧셈과 뺄셈이 완성된 상태가 아니기 때문에 $27 - 18 = 9$로 계산하는 것도 어렵다. 곱셈과 덧셈의 개념이 연결된 식이기 때문에 구구단을 그저 외우기만 한 친구들이 풀기에는 어려울 수밖에 없다. 원리를 이해하지 못하고 구구단을 외울 줄 안다는 것은 집에서 학교 가는 길을 하나만 아는 것과 같다. 다양한 길과 방법에 대한 원리이해와 응용이 부족한 상태인 것이다.

그럼 수와 연산 개념 이해를 잘하면서 문제 풀이의 속도와 정확도까지 좋게 하려면 어떻게 해야 할까? 일단은 조금씩 꾸준히 학습하는 습관을 키워야 한다. 하고 싶지 않은 연산훈련으로 이미 초등학교 입학 전부터 수학을 지겨운 과목으로 인식하는 친구들이 꽤 있다. "엄마가 겪어봤는데, 그때 공부 안하면 후회한다" "수학이 갈수록 어려워질거야. 지금부터 연산을 다져놓지 않으면 힘들어" 아이가 듣기엔 모두 재미없는 협박이다.

간혹, 수학은 공식과 유형을 외우는 암기 과목이라고 하는 사람들도 있다. 고등학교 때 달달 외우던 화학 주기율표나 수많은 단어들을 지금도 모두 기억하고 있을까? 암기에는 한계가 있다. 아이들의 뇌는 재미를 더 많이 기억한다.

1학년 연산왕 철수와 영희의 예를 살펴보자. 둘 다 반에서 연산과 암산을 잘하기로 유명해 둘의 공부방법을 물어보았다. 먼저 철수는 +1, +2부터 반복 암기식 학습을 유아 때부터 매일 차곡차곡 다져왔다. 반면, 영희는 엄마와 홈스쿨링으로 수학을 공부했다. 1부터 9까지의 수를 써놓고 양 끝의 두 수를 연결해 무지개를 그리면 양 끝 수의 합이 10이 되는 무지개 계산법으로 보수를 배웠고, 주사위 3개로 10이하의 연산을 완성했다. 적은 분량이라도 매일 같은 시간을 공부하는 철수같은 습관은 매우 중요하다. 그러나 같은 시간의 공부라도 숙제처럼 다져온 철수보다 재미와 자율성이 더해진 영희가 효율성과 응용력만큼은 훨씬 뛰어날 것이다.

초등학교 입학하고 1학년은 학력의 차이가 가장 큰 학년이다. 그러나 절대 조급하게 생각해서는 안 된다. 엄마의 조급함으로 자칫 아이가 수학을 두려워하거나 싫어할 수 있다. 나의 큰 아들은 유치원 내내 그 흔한 피아노와 태권도 학원도 다니지 않은 채 초등학교에 입학했다. 다른 아이들이 많은 사교육을 일찍부터 하고 초등학교 입학한 것을 보고 덜컥 불안한 마음에 피아노와 태권도, 미술학원을 한꺼번에 보냈다. 학교 적응하기도 힘들었을 텐데 학원까지 적응하려니 많이 힘들었을 것이다. 초등학교 1학년은 유아기의 경험에 따라 편차가 클 수 있다. 어머니가 불안하거나 두려워하지 않고 주관을 갖는 것이 무엇보다 중요하다.

초등 저학년은 무조건 재미있게 실물로 몰입하는 요소를 주어야 한다. 숙제를 다하면 도장으로 보상을 주고, 도장이 모이면 원하는 선물을 고르는 이벤트로 공부 습관을 잡아주는 것도 동기 부여 측면에서 아주 좋다. 유치원 때부터 주사위 등의 실물로 재미있게 연산을 접하며 수학에 흥미를 느낀 친구들은 초등학교 입학 후에도 큰 거부감 없이 수학을 재미있게 접한다. 뇌의 특성상 스스로 '재미있다'라고 느낀 것에는 집중하고 지속하는 힘이 생기기 때문이다.

그렇게 즐겁게 수학을 시작한 아이들도 3학년 이상이 되면 엄마들이 조급해진다. 세 자리 곱셈, 나눗셈 그리고 모든 아이들이 헤맨다는 분수까지 4학년 수학을 정복하지 못하면 수포자가 된 다는 조급함은 아이들에게 고스란히 전달된다. 아이들은 더 많 은 숙제와 더 많은 양의 수동적인 학습을 강요받는다. 그러나 이 런 방법은 오히려 아이들에게 반감을 살뿐이다. 친구를 좋아하는 시기이니 친구와 함께 공부하는 즐거움을 느끼게 하는 것도 좋 다. 혹은 "학교 끝나자마자 학원 오느라고 진짜 힘들었겠다"라며 건네는 간식 하나로 아이의 마음을 읽어주는 것 만으로도 아이의 뾰족했던 마음을 녹일 수 있다. 자존감을 세워주고 공부의 재미 와 당위성을 지속적으로 이야기하며 진짜 공부를 하기 위한 자세 를 만들어 주는 것이야말로 전쟁터에 나갈 군인에게 총알을 준비 해주는 것과 같다.

5, 6학년에 올라갈수록 친구들은 자아와 주관이 생기기 때문 에 선생님이나 엄마의 스타일대로 이끌기 어렵다. 연산의 반복훈 련이 갈수록 필요해지는 시기이지만 귀찮아하거나 거부감을 대 놓고 표현하는 상황도 생길 수 있는 나이다. 대체로 많은 아이들 이 학원을 다니는 시기이기에 아이의 성향에 맞는 학습방법을 찾 아주는 것이 매우 중요하다.

초등학교 고학년 때 자리 잡은 습관이 중학교, 고등학교로 연결되기 때문이다. 앞서 이야기한 홀랜드 유형별 학습법에 기반해 친구와의 학습이 더 효율적인 아이인지, 취약한 부분을 어떤 방식으로 채워주는 것이 좋을지 찾아보고 아이만의 공부 방법을 확립하는 것이 중요하다. 학원에 오는 모든 아이들이 이름도, 얼굴도 다르듯 수학적인 역량뿐 아니라 갖고 있는 기질적 학습방법이 모두 다르기 때문이다. 적어도 부모님은 아이의 성향을 파악한 후 학원과 공부 방법을 선택해주어야 한다.

고등학교 첫 시험 성적이 졸업 때까지 이어진다는 말이 있다. 이때 잡힌 공부습관이 고등학교 내내 영향을 미치기 때문이다. 꾸준히 매일 연산과 유형 학습에 정해진 시간을 투자하는 습관이 제대로 잡혀야 한다. 아이의 성향에 맞춰 좀 더 효율적으로 시간을 분배하고 즐겁게 공부할 수 있는 환경을 만들어주는 것이 부모님과 선생님의 역할일 것이다.

영혼 속에서 시를 노래하지 않고서는 수학자가 될 수 없다. - 코발레프스카야

내 아이만큼은
수포자가
아니었으면

5대 영역이 뭐라고?
2. 도형

경주에 가면 볼 수 있는 석굴암과 다보탑, 첨성대를 모르는 친구들은 아마 없을 것이다. 그러나 수학적으로 접근해 본 친구들도 없을 것이다. 석굴암은 원과 정사각형, 육각형과 정팔각형 등을 이용한 입체도형 모양이다. 반면, 첨성대는 직선과 곡선의 조화로 이뤄진 건축물이다. 방파제에 쓰이는 돌이 왜 삼각뿔 모양을 하고 있을까? 터널의 상단부는 왜 곡선일까? 이 모든 것에 수학적 원리가 숨어있다.

초등학교 1학년 때 둥근기둥모양, 사각기둥모양 등 입체도형의 이름을 처음 배운다. 도형을 수학가베로 처음 배운 친구들은 주사위 모양은 정육면체, 둥근기둥모양은 원기둥으로 그 구성과 공통점, 차이점을 이해하게 된다. 가베 수업을 받지 못한 친구라도 슈퍼마켓에 갔을 때 과자상자나 음료수 캔은 어떤 이름일까? 라는 호기심으로 접근한다면 입체와 평면에 대한 구조적 차이를 충분히 재미있게 접근할 수 있다.

2학년이 되면 지금까지 세모와 네모로 배웠던 조각들로 평면화된 탱그램이란 칠교퍼즐을 배우게 된다. 칠교는 5개의 직각삼각형과 2개의 사각형으로 구성된 퍼즐이다. 1~10까지 숫자를 만들거나 분수의 개념으로까지 확장이 가능한 매력적인 도구이다. 2학년 교과의 내용으로만 배우기에는 탐구할 수 있는 수학적인 개념이 많은 도구이다. 저학년 아이들에게 꼭 칠교를 접할 수 있도록 해주기를 권한다.

1~2학년 때 입체와 평면을 변별할 줄 아는 능력을 준비했다면 3학년 때는 본격적으로 평면도형의 탐구에 들어간다. 3학년 때 배우는 정사각형과 직사각형은 3가베와 4가베의 정육면체와 직육면체의 기본형이자 고학년 때 배우는 겉넓이와 부피까지 확장되는 중요한 개념이다. 가능하다면 정사각형과 직사각형을 처음 배울 때 심화유형까지 깊이 있게 탐구하는 것이 좋다. 정사각형은 늘어나는 개수에 따라 도미노, 트로미노, 테트로미노, 펜토미노, 헥사미노 등으로 변신이 가능해 입체감각과 사고력을 키우기에 좋은 교구이다. 소마큐브 등을 통해 실물로 접한 공간감각

은 중학교 1학년에 나오는 다양한 다각형 다면체를 인지하는 기반이 될 수 있다.

3학년 때 도형을 구성하는 점선면을 배운다면 4학년 1학기에는 각의 종류와 구성을 평면도형과 함께 배우게 된다. 각도기를 이용해 직접 평면도형을 재어보고 삼각형 내각의 합이 180도임을 확인하고 사각형이 삼각형 두 개로 구성된다는 것을 확인한다. 4학년 2학기로 접어들면 본격적으로 다양한 다각형을 배운다. 이때 도형의 성질에 대한 개념적인 원리를 완벽히 익혀야 한다. 마름모와 정사각형의 관계, 평행사변형과 사다리꼴의 차이점 등을 비교하고 탐색하며 공부한 친구들은 5학년 때 배우는 다각형의 넓이와 둘레, 6학년 때 배우는 입체도형의 겉넓이와 부피로의 확장이 어렵지 않다.

중학교 1학년 때 각뿔대의 겉넓이와 부피, 두루마리 휴지 모양의 원기둥, 다양한 정다면체 등으로 심화 응용되는 부분에서 초등학교 4학년의 개념인지가 제대로 잡히지 않은 친구들을 많이 본다. 친구들이 자주 하는 말은 "다 까먹었어요"이다. 만약, 개념으로 원리를 이해하면서 배웠다면 학년이 올라가도 잠재적으로 기억한 부분을 꺼낼 수 있다. 그러나 무조건 공식으로 암기하면서 문제유형의 풀이방법 만을 공부한 친구들은 금세 잊어버린다. 그렇다면 다음 학년의 응용과 확장 학습이 어려울 수밖에 없다.

대각선의 개념은 4학년 2학기에 다각형의 단원에서 처음 배운다. 이후에 대각선은 중학교 1학년 때 심화되어 나온다. 그러므로 초등학교 때 "대각선이 뭐야?"라고 물으면 정확히 개념을 이야기할 수 있어야 한다. 대체적으로 많은 친구들이 그저 문제풀이 정도로 넘어가는 개념이라 소홀할 수 있지만, 쉬운 과정일 때 탄탄히 다져놓아야 고학년 때 힘을 발휘할 수 있다. 현재 함께 공부하는 4학년 친구들에게는 20각형의 대각선 수도 쉽게 설명하며 구할 수 있도록 공식이 나온 원리까지 개념을 탄탄히 가르친다. 개념을 처음 배우고, 어렵지 않을 때 원리를 확실히 익힐 수 있도록 도와야 한다. 본격적으로 평면도형의 넓이와 둘레를 배우는 학년인 5학년은 연산의 과정도 복잡할 뿐 아니라 중학교와 직접 연결되는 중요한 개념들도 많아서 학습량과 중요성이 무엇보다 강조되는 학년이다. 4학년 수학을 놓치면 수포자가 된다는 말이 있다. 분수로 예를 들어보자. 3학년 때까지 익힌 다양한 분수의 개념으로 4학년 때 분수의 덧셈과 뺄셈을 시작한다. 분수의 곱셈은 5학년 때, 분수의 나눗셈은 6학년 때 배우고 혼합계산까지 완성한다. 4학년은 반드시 3학년 때 배운 사칙연산과 분수의 기본 개념을 확실히 인지하고 중학교와 직결되는 5학년을 준비해야 하는 학년이다. 저학년을 끝내고 고학년을 준비해야 하는 학년이기에 유독 4학년의 중요성이 강조된다. 그러나 난이도의 확장과 심화로는 5학년을 어떻게 보내느냐가 훨씬 더 중요하다.

힘겨운 5학년을 넘기면 이제 중학교를 앞둔 최고 학년이 된다. 6학년은 5학년 때까지 다져진 기본기로 입체도형의 겉넓이와 부피를 다루게 된다. 이 과정 또한 중학교 1학년 2학기와 직결되는 단원이기에 6학년 1학기에 배우는 기둥과 뿔의 입체도형에 대한 개념원리가 매우 중요하다. 중학교 1학년 수학 클리닉에 가보면 언제 도형을 배웠는지조차 잊어버린 친구들이 70% 이상이다. 배운 것 같기는 한데 기억이 안 난다는 친구들이 꽤 된다. 그 이유는 대충 배웠거나 문제풀이를 통해 암기하듯 배우고 넘어갔기 때문이다. 그 어떤 단원보다도 도형은 원리적으로 접근하여 개념을 이해하는 게 중요한 단원이다. 도형 탐구하는 것을 즐거워하고 공식의 원리를 설명하는 재미를 느끼는 친구들은 중학교 1학년 때 배우는 다양한 입체도형도 크게 어렵지 않게 접할 수 있다. 문제풀이 이전에 개념 완성이 우선이라는 것을 반드시 기억해야 한다.

학년이 올라갈수록 늘어나는 개념과 공식을 모두 암기할 수는 없다. 그 사실을 초등학교 5, 6학년 때 미리 알려주고, 원리를 이해할 수 있도록 이끌어야 줘야 한다. 지금까지 외워서 풀었다 하더라도 괜찮다. 늦었다고 생각하는 지금이 제일 빠르다. 수학의 기본이자 시작은 즐거움이어야 한다. 나와 함께 공부하는 친구들이 습관처럼 하는 말이 있다. 어떤 단원을 만나더라도 "어머나, 이렇게 쉽고 재미있을 줄이야."이다. 말의 힘이 위대하다는 것을 모두 알고 있지만 실생활에 적용하는 경우는 드물다. "아후, 어려워"라고 이야기하는 순간 눈이 없는 뇌는 "진짜 어려운 문제"라고 듣고 정말로 어려워진다. 주문처럼 "어머~ 이렇게 쉬울 줄이야"를 외치면 또 정말로 쉬워진다. 오늘부터 외쳐보자 마법의 주문 "수학은 정말 쉽고 재미있어~~~~~~~"

만약 사람들이 수학이 단순하다고 믿지 않는다면 그것은 사람들이 인생이 얼마나 복잡한지를 깨닫지 못하기 때문이다. – 노이만

5대 영역이 뭐라고?

3. 측정

　　기린의 키는 몇 센티미터일까? 63빌딩의 높이는 어떤 단위로
표현할까? 아침 9시와 밤 9시는 어떻게 구별할까?와 같은 질문
의 답을 찾아가는 과정을 모두 측정이라고 한다. 시간, 길이, 넓
이, 부피, 무게 등의 단위를 배우는 단원으로 초등 전 학년에 걸
쳐 단계적으로 학습하게 된다.

　　1학년 2학기 때 시계 보는 방법을 배운다. 입학하고 1학기 때
미리 등교시간, 학원시간을 스스로 챙길 수 있도록 시계 보는 연
습을 자연스럽게 익히도록 해야 한다. 넓다, 좁다, 크다, 작다, 많
다, 적다, 높다, 낮다 등의 비교 단위 개념은 1학년 1학기에 배운
다. 나무는 그루, 꽃은 송이, 집은 채, 양말은 켤레 등의 단위를
익혀야 한다. 오징어 20마리는 한 축이라고 부르고, 마늘 24개는

한 쌈이라고 부른다는 것을 알려주면 아이들은 무척 재미있고 신기해한다. 그림일기를 시작하는 단계이니 단위 세기를 주제로 일기를 쓰면서 익히는 것도 좋다.

2학년이 되면 본격적으로 시간과 시각을 배운다. 영화를 보는 데 걸린 시간, 운동을 하는데 걸린 시간처럼 ~동안으로 연결할 수 있는 개념은 시간으로 표현한다. "학교에 8시 20분까지 등교해야 한다" "뽀로로는 오전 9시에 방송한다"처럼 어느 한 지점을 나타내는 것은 시각이다. 충분한 서술형 예시를 통해 이해하고, 평소에 시각과 시간에 대한 내용을 일기로 써보면 개념을 확실하게 인지할 수 있다.

2학년 때 시각과 시간에 대한 확실한 개념을 잡지 않으면 3학년 때 결함이 나타난다. 시, 분, 초까지 연산이 확장되는 3학년 1학기 과정에서 서술형의 풀이방법을 이해하는데 많은 어려움을 느낀다. 공부를 잘하는 친구들도 시간과 시각문제를 해결하는 서술형은 실수가 많은 단원이다. 낮의 길이를 구하거나 상영시간을 구하는 등의 서술형 문제를 덧셈으로 해결해야 할지, 뺄셈으로 해결해야 할지 판단하지 못해서 식을 세우는 단계에서부터 실수를 한다. 문제집의 유형을 통한 반복학습도 좋지만 실생활에서 재미있고 쉬운 예시로 시간에 대한 감각을 익히는 것이 좋다.

3학년 때는 시간과 길이뿐 아니라 들이와 무게의 단위도 배운다. 1.5L짜리 우유에는 200ml짜리가 몇 개 들어있을까?라는 질문 등으로 호기심과 궁금증을 유발시키는 방법으로 스스로 탐구하며 인지하는 연습을 하는 것이 좋다. 엄마는 54kg인데, 코끼리는 몇 kg이나 될까? km나 kg의 단위는 왜 나온 걸까? 무조건 답을 알려주면 다른 유형이 나왔을 때도 똑같이 질문을 통해 해결하려고 한다. 그렇게 되면 스스로 공부하는 힘이 점점 부족해진다. 스스로에게 질문을 던지고, 그 답을 찾아가는 과정이 진정한 학습이다. 한 번 더 생각하고 탐구하며 답을 찾아가는 것이 최고의 자기주도 학습이다.

학원이나 학교에서 내주는 숙제에 길들여지면 정작 자기가 무엇을 얼마나 알고 있는지, 지금 필요한 공부는 무엇인지 변별하고 판단하는 능력이 부족해진다. 단원평가 점수보다 이 단원에서 취약하게 느끼는 개념과 그에 따른 측정의 다양한 기호들과 관계 등을 스스로 생각하고 탐구하는 자세를 거치며 배워야 한다. 그렇게 학습하는 습관이 익숙해진 친구들은 공식을 외우지 않아도 몸으로 익힌 감각들로 실생활 유형이나 심화 서술문제를 흥미롭게 접근하게 된다.

기존에 4학년 과정에서 배웠던 어림하기의 단원이 5학년 과정으로 개편됐다. 어림하기는 실생활과 밀접한 단원이므로 다양한 사례를 통해 학습하는 것이 무엇보다 중요하다. 개념은 쉬운 듯하지만 문제풀이에 실수가 많고 심화유형을 유독 어렵게 느낄 수 있는 단원이다. 놀이기구를 탈 수 있는 키와 몸무게, 반올림의 개념이 적용되는 실제 사례 등을 통해 여러 가지 유형을 접하고 생각하는 힘을 키울 수 있는 단원이다.

5학년이 되면 본격적으로 다각형의 넓이와 둘레를 재는 여러 가지 단위를 초등 과정에서 배운다. "정사각형 한 변의 길이가 3.5인 호수의 넓이는?"이란 문제를 3.5 곱하기 4로 풀어내는 친구들이 의외로 많다. 문제를 대충 읽었기 때문이기도 하지만 대체로 넓이와 둘레에 관한 개념 인지가 되지 않았기 때문이다. 단위를 안 쓰면 답이 틀리나요?라고 물어보기도 한다. 단위란 약속이기도 하지만 개념을 확인하는 마지막 단계이기도 하다. 둘레를 둘러싼 길이의 개념으로 이해하고 있는지를 알아보는 과정이다. 넓이는 가로와 세로의 곱으로 풀어야 하기에 제곱 cm로 써야 하는 개념 확인이 꼭 필요하다.

수학은 이해의 학문이다. "아는 만큼 보인다"는 말이 있듯 세상을 더 쉽고 재미있게 이해하고 논리적으로 자신의 생각을 표현하는 방법에는 수학적인 개념이 들어있다. 백분율은 있는데 왜 십분율이나 천분율은 없을까? 등의 질문으로 아이들에게 내재된 호기심을 자극시켜 주자. 훨씬 재미있고 무한한 수학의 바다에서 즐겁게 헤엄칠 수 있을 것이다.

수학을 모르는 이들은 자연의 아름다움, 그것도 최고의 아름다움을 느끼기 힘들 것이다.
– 리처드 파인만

내 아이만큼은
수포자가
아니었으면

5대 영역이 뭐라고?

4. 규칙성

수학은 왜 배우는 걸까? 각자 주관적인 견해가 다르겠지만 궁극적으로는 논리적인 문제 해결력과 창의적인 뇌를 위한 훈련의 과정이 아닐까?

단순히 수학을 잘한다, 못한다 또는 문제풀이를 어려워하니 수학적인 머리는 없는 것 같다 등의 판단은 모두 선입견이다. 삶속에 숨어있는 다양한 규칙을 이해하고 적응하면서 살아가기 위해서 수학은 필수 학문이다. 단순히 시험만을 위해 교과에 나오는 유형을 반복적으로 암기하듯 문제를 푸는 것은 임시방편이다. 한두 문제라도 규칙을 찾기 위해 깊게 생각하는 연습을 해야 진정한 문제해결력을 키울 수 있다.

대부분 학기의 마지막 단원에서 배우는 규칙찾기는 대체로 귀찮아하거나 어려워하는 단원이다. 유형이 다양한 만큼 어떻게 학습하느냐에 따라 그 깊이가 달라지는 단원이다. 내가 즐겨보는 방송 중에 '문제적 남자'라는 유명한 프로그램이 있다. 이 프로그램에 나오는 대다수의 문제들이 규칙성을 기반으로 한다. 기존 교과서에서는 보기 드물지만 실생활과 접목이 많이 된 문제와 넌센스 같아 보이지만 창의적인 사고를 요구하는 문제들이 많다. 과정을 통해 결과를 유추하거나, 결과를 보고 과정을 맞춰야 하는 문제들에 호기심을 갖고 접근해 다양한 방법을 시도해야 답을 찾을 수 있는 문제들이 많다. 이런 과정들을 재미있게 접근해야 수학적으로 생각하는 힘을 키울 수 있다.

나와 함께 사고력 수업을 5년 가까이 한 건우는 교과 수학을 늘 100점을 맞지는 않았다. 그러나 스도쿠 등의 사고력 퍼즐 문제에서는 또래 친구들 중 대적할 만한 상대를 찾기 힘들만큼 뛰어나다. 다년간 다져진 경험으로 재미와 호기심이 충만하고 문제 해결력이 키워졌기 때문이다. 오랜 보드게임 수업 덕분에 다양한 상황에서의 전략적이고 논리적인 사고력과 판단력이 갖춰져 있어 내신보다는 수능형에 가까운 친구다. 그러나 이 부분이 참 모호하다. 단원평가처럼 단숨에 보여지는 점수가 아닌 내공의 힘은 가시화되기 어렵기 때문이다. 교과 수학을 잘하는 친구가 사고력 수학을 잘하기 어렵지만 사고력 수학을 잘하는 친구는 교과 수학도 어렵지 않게 소화한다. 단원평가는 늘 아쉬웠지만 경시대회에서는 수상을 놓치지 않은 건우가 그 대표적인 사례라 할 수 있다.

'보드게임은 노는 것'이라는 어머니들의 생각은 편견이다. 뇌라는 것은 보이지 않아서 언제 작동하는지 알 수 없다. 학원에 오래 있는다고 모든 시간 공부에 쓰이는 뇌가 작동하는 것은 아니라는 것이다. 어릴수록 스폰지처럼 많은 개념을 쉽게 인지하는 이유는 뇌가 아직 말랑하고 순수하기 때문이다. 아이들의 뇌는 놀 때 활발히 움직인다. 재미있기 때문이다. 마찬가지로 수학이 재미있는 친구들은 시간이 순식간에 지나가는 경험을 한다거나 평소 두 세배의 문제를 풀어내는 등 놀라운 능력을 보여준다. 규칙찾기와 규칙성의 단원이 어려운 친구일수록 다양한 수학을 접하게 해야 한다. 중고등학교에 진학할수록 수포자가 늘고 수학이 어려워지는 이유는 여러 가지겠지만 깊이가 깊어지기 때문이다. 이해해야 할 개념도 많고 연산 훈련을 포함해 접해야 할 유형도 다양하기에 암기식 유형 학습에 길들여진 친구들은 그 속도를 따라가지 못하고 결국은 수학을 싫어하는 수포자가 된다.

수학동화는 유치원이나 저학년 때만 보는 것이 아니다. 매 학년 다양하게 새로 만나는 개념을 쉽게 익히는 과정으로 반드시 필요하다. 고학년일수록 쉽고 흥미로운 수학동화와 집중력, 인내력을 키울 수 있는 퍼즐과 보드게임 등으로 수학의 재미를 느끼고 문제 해결력을 키워줘야 한다.

모든 중학생들이 수학을 즐기며 함께 할 수 있을 그 날이 왔으면 좋겠다. 초등과정은 힘을 키우는 시기다. 고학년일수록 사고력을 훈련할 수 있는 시간이 부족하다. 지금부터라도 교과서와 문제집에서 벗어난 다양한 수학을 접할 수 있도록 해야 한다.

정확한 과학의 목적은 수를 이용해 양을 결정함으로써 자연의 문제를 줄여가는 일이다.
– 맥스웰

내 아이만큼은
수포자가
아니었으면

5대 영역이 뭐라고?
5. 확률과 통계

앞서 규칙성의 중요성을 이야기했다면 그 규칙성을 토대로 자료를 구별하고 다양한 그래프로 표현하고 해석하는 능력으로 확장되는 단원이 확률과 통계다.

2학년 때 표와 그래프라는 단원을 통해 다양한 조건으로 분류하는 방법을 배운다. 3학년이 되면 그림 그래프를 배우고, 4학년 때는 막대 그래프로 표현하는 방법을 배운다. 이 과정에서 가장 중요한 것은 목적이다. 그림 그래프를 막대 그래프로 표현하는 이유, 5학년 때 배우는 꺾은선 그래프로 그리기에 효과적인 조건 등을 고민하고 질문하며 학습해야 한다.

용돈을 올려받고 싶은 아이와 용돈을 올려주기 싫은 아빠의 꺾은선 그래프는 세로 눈금 간격의 크기에 따라 달라진다. 단순히 꺾은선 그래프를 읽고 해석할 줄 아는 것에서 목적의식을 갖고 직접 꺾은선 그래프를 그려보면 아이들의 몰입도는 확 달라진다. 본인이 원하는 문제를 해결할 수 있는 방법을 익히고 적용해보는 과정을 통해 자연스럽게 심화학습이 가능해진다. 실수도 있고 생각이 틀릴 수도 있지만, 그 과정 속에서 많은 것을 배울 수 있다.

그렇게 길러진 힘은 중학교 1학년 히스토그램을 거쳐 중학교 3학년 때 배우는 표준편차와 분산, 산포도 등으로 심화될 때 나타난다. 강수량의 변화, 겨울 날씨의 온도 변화 등 변화를 보여주고 싶으면 꺾은선 그래프를 그리면 되겠구나, 기준에 따라 달라지는 그래프를 적용해서 해결할 수 있는 문제는 무엇이 있을까? 그래프의 눈금을 달리해서 좋은 점은 무엇일까? 그래프는 왜 생겨났을까? 다른 새로운 그래프를 개발할 수는 없을까? 등의 질문으로 아이의 사고력과 창의성, 문제해결력을 키울 수 있는 학습이야말로 진정한 수학이 필요로 하는 힘이다.

6학년 때 나오는 거리와 속력의 관계를 그래프화 한다면? 이란 질문에서 중학교 1학년 때 배우는 함수가 등장한다. 함수란 확률과 통계보다는 규칙성에 더 가까운 단원이지만 핀란드 교육과정으로 보자면 수학의 5개 영역은 다양한 재료가 어우러져 깊은 맛을 내는 짬뽕처럼 연결되어 있다. 함수 또한 '함'이란 상자처럼 생긴 모양을 만들며 두 가지 조건이 일정한 규칙을 갖고 있음을 그래프화 한 것으로 볼 때 수와 연산, 규칙성, 도형, 확률 등 많은 개념을 포함하고 있다. 하나의 단원에서 다각도로 바라보고 탐구하는 능력을 갖춘 친구는 과정을 쉽게 이해한다. 호기심을 갖고 스스로 질문하면서 답을 찾는 과정에서 꼭 필요한 것이 수학이라는 것을 알고 탐구하는 아이는 그 과정을 즐긴다. 그렇게 깊어지는 중·고등학년을 대비하는 힘을 키우는 아이들이 되면 좋겠다.

> 과학은 설명하려고 노력하지 않는다. 과학은 해석하려고 들지도 않는다. 과학은 주로 모델을 만든다. 그 모델이란 언어적 해석이 가미된 것으로 관찰된 현상을 묘사하는 수학적 건물이라고 할 수 있다. – 노이만

내 아이만큼은
수포자가
아니었으면

방학은 수학을 좋아하는 아이로
성장할 골든 타임

방학은 엄마의 개학이다. 방학이 한 달 정도라 참 다행이라 여겨진다. 학기 중에 해보지 못한 쉼과 여유도 만끽하며 한여름의 더위, 한겨울의 추위를 다양한 체험학습으로 만끽할 수 있는 소중하고 즐거운 방학. 그러나 새 학기 선행 등 학습적으로도 놓칠 수 없는 시기다. 방학 중 아이가 수학과 좀 더 친해질 수 있는 체험활동과 즐겁게 신학기 수학왕을 만들 수 있는 내 아이만의 맞춤 방학 비법을 알아보자.

신학기는 내가 수학왕

1) 수학 선행은 필수인가?

신학기용 문제집을 방학이 시작하면서 준비하는 부모님들이 많다. 미리 선행학습으로 예습을 하려는 차원이라면 교과서로도 충분하다. 방학 중 선행 수학문제집은 두껍지 않고 얇은 것으로 준비하자. 수준별 학습보다는 개념을 익히고 연산을 다지기 좋은 정도로 즐겁고 부담없이 학기 중 유형 학습을 하는데 도움이 되는 정도가 좋다. 학기 중에는 수학뿐 아니라 다른 과목의 진도로 인하여 수학에서 단원이 빠르게 마무리 되는 경우도 있다. 그럴 경우 충분한 개념과 연산훈련 없이 유형 학습을 하게 되면 문제풀이를 위한 학습의 형태로 공부하게 된다. 그렇게 나타난 결함은 다음 학년에서 여과 없이 나타난다. 타 과목 예습으로는 문제집이나 참고서보다 교과서를 한두 번만 탐독하는 것으로 충분하다. 호기심이 드는 부분을 도서관에서 찾아보는 확장학습의 기회를 제공할 수도 있고 예습은 학기 중 본 수업에 흥미를 이끌어 주는 정도가 적당하기 때문이다. 그러나 수학만큼은 수학 교과서에 나오는 개념을 수학동화로 찾아보거나 보드게임과 교구 등으로 흥미를 이끌어 주는 것만으로는 고학년 교과를 따라가기 쉽지 않을 수 있다. 반학기 정도의 선행은 학기 중 깊이 있는 유형과 심화 학습의 토대가 되며 자신감 있는 수학왕을 준비하는 과정이 될 것이다.

2) 최고의 예습은 독서

신학기에 배울 내용이 교과서로 파악이 되었다면 이제는 근처 도서관을 방문하자. 학년별로 교과별로 잘 준비된 코너에서 아이가 과목별 다음 학기에서 배울 주제를 찾아보는 것이 좋다. 나는 방학이면 학원 등으로 바쁜 아이들을 대신해 도서관에서 여러 권의 책을 빌려다 주었다. 빌리는 과정 자체에서 호기심이 생기고 공부가 많이 되는 것을 스스로 경험했다. 그 이후 초등학교 때는 무조건 아이들에게 책을 빌려오게 했다. 작은 습관이지만 아이가 스스로 생각하고 선택하는 연습을 할 수 있는 아주 좋은 방법이었다.

아이들의 방학과 함께 엄마들의 학기가 시작된다. 점심 한 끼 더 챙겨주는 것 같지만 돌아서면 간식 등 은근히 신경써야 할 일들이 한두 가지가 아니다. 엄마들에겐 무척 길게 느껴질 수도 있지만 생각보다 방학은 금방 지나간다. 방학 중엔 여름이면 수영장으로, 겨울이면 스키장으로 실컷 놀면서 재충전을 하는 시기이니 엄마들은 더욱 바빠진다. 그 와중에도 새학기 선행 등 학습적으로도 놓칠 수 없는 시기이기도 하다. 이번에는 방학 중 아이가 수학과 좀 더 친해질 수 있는 쉽지만 강력한 두 가지 방법을 알아보자.

방학수학체험 어디까지 해봤니?

1) 수학 체험으로 배우기

수학을 가르치는 일을 업으로 삼고 있기에 아이들의 방학이 나에게는 1년 중 가장 바쁜 시기이다. 좀 더 유익한 방학을 위한 특강도 준비해야 하고, 학기 중 부족했던 서술형과 방학 중 다음 반 학기 선행의 진도를 나가야 하는 중요한 시기다. 그런 바쁜 와중에도 우리 아이들을 위해 독서와 체험학습은 빼놓지 않았다.

다음 학기를 준비하는 학습만화부터 수학, 사회, 과학 등 학년별 교과과정에 맞춰 간접 경험으로 호기심을 불러일으킬 수 있는 책을 미리 보게 했다. 이것만으로도 학기 중에 낯설지 않고 흥미롭게 교과내용을 접근할 수 있었던 것 같다. 그리고 방학 중에는 훌륭한 체험학습 프로그램이 많이 준비되어 있는 각종 박물관과 미술관을 방문해보는 것도 좋다. 수학을 구체화된 실물로 접하게 되면 문제집으로 공부하는 것보다 통계상으로 20배 이상의 자극이 뇌에 전달된다고 한다.

방학 중에 방문하기 좋은 수학 관련 체험관들로는 남산 탐구학습관과 노원구에 위치한 청소년 수학 체험관, 서초 수학 박물관이 있다.

2) 수학 일기 쓰기

방학 생활 계획표에서 빠지지 않는 또 하나의 항목이 있다. 잠시만 놓쳐도 몰아서 쓰게 되는 일기다. 모든 학습의 기본이 되는 듣기, 읽기, 쓰기를 통합할 수 있는 작업이 일기다. 자유형식으로 표현하는 기쁨을 느낄 수 있도록 습관을 들이면 두고두고 학습에 큰 힘이 된다.

지금부터 이해력, 논리력, 표현력 등을 증진시킬 뿐 아니라 관찰력과 분석력, 탐구심까지 키울 수 있는 수학일기 쓰는 방법을 알아보자.

수학일기라고 하니 거창하고 어렵게 생각할 수 있겠지만 생각보다 쉽고 아이들이 무척 재미있어 한다. 놀이 수학을 함께 하는 친구들 중 6~7세 친구들은 그 주에 학습한 내용을 주제로 그림일기 형식으로 시작할 수 있다. 초등학생의 경우, 오늘 배웠던 사고력 개념을 넣어 한줄 문장 만들기, 삼행시나 사행시로 가볍게 접근할 수 있다. 고학년은 마인드 맵으로 그 주의 학습을 키워드로 정리해보고, 짧은 문단 만들기로 글쓰기 실력을 늘려주면 좋다. 방학 중에는 선행보다는 지난 학기에 대한 서술심화학습에 조금 더 신경을 써주는 것이 좋다. 학기 중에 배웠던 개념을 넣어 주제 일기를 쓰면서 깊이 있는 탐구 활동을 해볼 수 있는 여유도 방학 때만 가능하다. 방학 숙제로 〈다각형 다이소〉를 만들면서 다양한 평면에서 입체로, 세계의 건축물로 확장되는 것에 무척 재미있어했던 아들이 생각난다. 그 이후로는 건물을 보아도 수학적으로 바라보는 시선을 갖게 된 것 같다. 이런 모든 시작은 작은 일기에서부터였다. 이번 방학에는 수학일기에 꼭 도전해보자.

순수 수학 그 자체는 논리적인 아이디어로 구성된 시다. – 아인슈타인

학년별 수학방학 계획표

몇 해 전부터 교과과정이 내려와서 이젠 2학년 수학도 어렵다며 수학학원을 보내는 학부모들이 늘어났다. 1, 2학년은 놀이를 통한 교구수학 등의 사고력 과정이 훨씬 더 필요하다고 여겨 교과 수학과정은 입회를 받지 않았었다. 그러나 바쁜 어머니의 경우 아이와 감정적으로 다투거나 규칙적 학습의 습관화가 어려워 저학년도 주 2회 정도의 코칭을 받는 친구들이 생겼다. 그렇다면 방학 중 가정에서 아이의 신학기 수학은 어떻게 준비해야 할까?

1, 2학년은 모든 학기에 연산이 많은 부분을 차지하고 있으므로 조금씩 즐겁게 탄탄한 연산력을 다질 수 있는 습관을 잡아주어야 한다. 반복적인 연산훈련도 좋지만 주사위를 활용한 수놀이 등으로 주사위의 개수를 늘리며 자연스레 수와 양을 머리로 익히

는 것이 좋다.

2학년 1학기에는 9단까지의 곱셈구구를 배운다. 구구단을 외우기만 하면 곱셈 단원은 준비 끝이라고 생각할 수 있다. 그러나 구구단은 덧셈과 곱셈의 관계를 이해할 줄 아는 사고력의 힘이 필요한 단원이다. 곱셈이 나오게 된 원리와 2×9=9×2, 2×8=2×7+2의 관계를 이해하는 힘과 수직선 양으로 표현된 18개를 2, 3, 6, 9단의 수로 묶어 셀 수 있는 다양한 이해력을 키워야 한다. 2단을 외울 때 스케치북에 20개의 동그라미를 그린 후 2개씩 묶어보기, 3개씩 묶어보기, 묶음수를 식으로 표현해보기 등을 재미있게 연습하는 과정으로 개념인지를 충분히 한 다음 구구단 외우기에 들어간다면 곱셈과 나눗셈의 연결도 어렵지 않게 진행할 수 있다. 스마트폰에 도전구구단 등의 재미있는 어플이 있으니 오히려 구구단을 외우는 과정은 오래 걸리지 않는다. 구구단의 원리와 필요를 이해하는 과정 선행은 반드시 필요하다.

3학년의 경우 1학기에는 분수와 소수, 평면도형 등 기본이 되는 중요한 개념들을 많이 배우게 된다. 2학년 2학기 겨울방학 때는 미리 개념과 관련된 수학도서를 읽어주면서 이해력을 높여주는 것이 필요하다. 초등학교 입학 전이나 저학년 때 가베로 평면과 입체도형을 공부한 친구라면 도형파트를 크게 어렵지 않게 즐길 수 있다. 이 과정이 없던 친구라면 펜토미노와 칠교수업을 한 번은 접하게 하는 것이 좋다. 방학 중 집에서 펜토미노로 퍼즐맞추기 등을 진행해도 좋다. 정사각형의 연결고리는 도미노에서 트리오미노, 테트로미노, 펜토미노로 개수가 늘어나면서 초등 5학년 때는 정육면체의 전개도까지 확장된다.

반면, 3학년 2학기가 되면 두 자리 이상의 곱셈과 나눗셈으로 확장되기 때문에 3학년 1학기 여름방학 때 연산학습을 선행하면 학기 중 사고력 연산이나 심화유형학습을 진행할 수 있는 여유가 생겨서 좋다.

두 자리 이상 수의 곱셈에서 기계적인 연산훈련만 하다 보면 관계를 물어보는 개념 문제를 틀리는 경우가 많다. 구구단을 처음 외울 때처럼 모눈종이로 34와 15의 곱셈원리와 관계를 차분히 탐구하는 과정이 꼭 필요하다. 이 과정을 거치고 나면 그 다음 연산반복학습은 어렵지 않게 익힐 수 있다. 개념에 대한 충분한 이해 없이 무조건 연산반복학습으로 진행할 경우 연산은 빠르고 정확할지 모르나 기본 개념문제나 유형학습으로 들어갔을 경우 다시 개념을 공부해야 한다. 조금 더디더라도 천천히 차곡차곡 계단식으로 쌓은 개념에 탄탄한 연산력이 뒷받침되어 유형심화의 성문을 열어준다는 것을 기억해야 한다.

4학년 수학을 놓치면 수포자가 된다는 말이 언제부터인가 공식처럼 된 것 같다. 그러나 나의 경험을 돌아보면 절대로 그렇지 않다. 3학년 때까지 결함이 많았던 친구가 4학년 수학을 잘 따라갈 수는 없다. 마찬가지로 4학년 과정까지 잘 마무리했다 하더라도 중학교 과정과 직접 연결되는 개념이 상당히 많은 5학년 과정을 소홀히 할 경우 중학교 1학년 때 개념을 다시 잡느라 힘들어하는 경우가 많다. 오히려 6학년 과정은 복잡한 연산의 완성과 중학 수학을 대비하기 위한 과정으로 중요한 단원은 많지만 개념이 크게 어렵지는 않다.

중요한 사칙연산은 4학년 때 완성이 되고, 5학년 때는 심화에 들어간다. 4학년은 5, 6학년과 중학교에 연계되는 과정을 준비하는 저학년에서 고학년의 중간 단계이다. 수의 크기도 억 조 단위로 확장이 되고, 세 자리 소수 등으로 늘어난다. 도형을 비교하고 탐구하는 기준도 한 단계 늘어난다. 3학년 때까지 준비된 연산력과 개념이 심화되기에 저학년의 결함 또한 무시할 수 없다.

더불어 학년별 유형 심화 문제를 경험했던 비중에 따라서도 4학년 유형학습의 단계가 달라질 수 있다. 나의 경험상 쉬운 과정에서 심화유형을 많이 접할수록 수체계가 조금 확장되는 4학년 이상의 과정을 무난히 소화할 수 있다. 4학년 과정은 1, 2학기가 모두 연산과 중요한 개념이 섞여 있는 단원들로 구성되어 있다. 1학기와 2학기 구분 없이 아래 학년 단원의 결함이 없는지 파악하는 것이 우선되어야 한다. 결함없이 올라왔다면 4학년 1학기를 준비하는 겨울방학에는 3학년 과정의 심화문제집 한 권 정도 복습하는 것으로도 충분하다.

지난 학년의 문제를 다시풀기는 모든 아이들이 싫어하는 과정이다. 그러나 그렇게 다져진 경험은 학년이 올라갈수록 큰 힘을 발휘한다. 학원을 운영하는 입장으로 본다면 학년심화유형을 다루는 과정보다는 선행을 이끄는 과정이 훨씬 수월하다. 심화과정보다는 뇌의 특성상 새로운 과정을 배우는 것을 모든 친구들이 좋아하기 때문이다. 뿐만 아니라 심화유형의 경우 생각하는 과정이 반드시 필요하기에 주입식 학습이 아닌 스스로 동기부여가 되어 문제를 탐구할 수 있는 능력을 이끌어주는 과정이 쉽지 않다. 서너 문제를 풀기 위해 오랜 시간 눈에 보이지 않는 노력이 필요하기 때문이다.

가정에서 학습할 경우, 최고수학 최상위 1031등의 심화유형 학습서는 답안지를 아이와 함께 연구하는 것도 좋다. 답안지는 채점과 틀린 문제 확인용으로만 생각하는 경우가 대부분이다. 그러나 심화문제의 경우 단계별 풀이방법이나 과정을 탐구하는 동안 아이의 실력은 향상된다. 나는 작은 아이에게 심화문제집의 틀린 문제는 답안지를 보고 풀이방법을 연구하도록 했다. 그 후 이해가 안되는 부분만 설명했다. 일정 기간이 지나니 어느 순간 스스로 생각하고 학습하는 힘이 꽤 훈련되었던 기억이 있다. 물론 이 과정을 아이 혼자 하기에는 어려움이 많다. 부모님이나 학원의 도움을 받지 않으면 답안지를 혼자 분석하고 정리하는 것이 어려울 것이다. 부모님이 함께 한두 문제에 머물지 않도록 하루에 한 장 정도의 문제 양을 정해주고 함께 해결하는 과정을 도와준다면 방학 중 한두 장의 실력이 아이의 수학적 사고력 자산이 될 것이다. 어려운 유형에 대한 두려움도 극복하고 조금 더 자신 있는 모습으로 성장하는 기회이니, 방학 중 조금씩 천천히 심화 과정에 도전해보기 바란다.

그럼 4학년 새학기 준비는 어떻게 해야 할까? 4학년은 연산보다 개념과 유형 학습에 조금 더 비중을 두고 문제집을 선택해야 한다. 방학 중에 개념+가벼운 유형학습과 하루에 한 장 연산으로 기본기를 다진 후 학기 중에 한 단계 높은 유형심화 문제를 꾸준히 풀어보는 것이 가장 좋다.

이제 드디어 연산도 복잡해지고 중학교 등 상급학년과 연계되는 중요한 개념이 다수 나오는 5학년이다. 통계상 중학교 2학년에 수포자가 가장 많이 나온다고 하지만, 초등과정에서는 5학년 때 수학을 포기하는 경우가 가장 많다. 수학이 어렵다고 느껴지는 것은 모르기 때문이다. 중요한 것은 무엇을 모르는지, 어디서부터 결함이 있는지 파악하지 않은 채 막연히 어렵다고 생각하는 데 있다. 분수의 덧셈과 뺄셈을 배우는 1학기 과정에서 □−3=5의 연산을 3−5로 생각해 틀리는 친구들도 있다. 분수의 덧셈과 뺄셈, 곱셈을 구별하는 식을 세울 수 없거나 덧셈, 뺄셈과 곱셈을 헷갈려 한다면 소나기가 아니라 호우주의보이다. 이럴 경우 대체로 4학년 때 분수의 덧셈, 뺄셈에서 결함이 드러난다. 호우경보가 되기 전 반드시 결함을 파악하는 과정이 4학년 때와 마찬가지로 이뤄져야 한다.

중등 수학클리닉에 들어가보면 의욕이 높은 하위권 친구일수록 자기가 무엇을 모르는지, 어떤 문제집으로 어느 과정을 진행해야 할지 모르는 친구들이 많다. 중학생 친구들이 가장 많이 선택하는 문제집들을 보면 abc 코스로 난이도가 구별되어 있다. b코스는 초등학교 때 70~80점 이상인 친구들이 도전해야 할 유형학습인 경우가 많다. 그런 친구들이 학원에서 c코스를 풀고 있다. 하얀색은 종이요, 검정색은 숫자이지 않을까? 이럴 때는 과감히 문제집을 변경하거나 c코스는 건너 뛰어야 한다. 개념과 유형 학습이 완벽하다는 전제로 들어가는 심화학습임을 파악할 수 있어야 하지만 아이는 스스로 판단할 수 없다.

중학과정을 이야기한 이유는 초등 5학년 과정이 중학교 1학년과 연계되는 부분이 많기 때문이다. 약수와 배수의 관계, 최대공약수와 최소공배수의 개념이 소인수와 거듭제곱꼴로 확장된다. 나는 5학년 1학기 과정 학습 시 중학교 1학년과 연계 부분을 설명하고 심화학습의 필요성을 강조한다. 최대공약수와 최소공배수의 개념은 크게 어렵지 않으므로 활용을 통한 서술형을 많이 경험할수록 중학교 1학년 때 수월하다는 것을 강조하며 심화단계를 반드시 단원이 끝나기 전에 마무리시킨다. 그렇게 반복해도 중학교 1학년이 되면 잊어버리기 일쑤다. 잊어버린 부분, 배웠는데 잘 생각이 나지 않는 부분은 반복 학습을 해야 한다. 그러나 단편적으로 배워서 정확히 알지 못하는 부분은 5학년의 개념 자체를 다시 배워야 한다. 그러다 보면 심화나 응용, 최대공약수, 최소공배수의 활용에 투자할 시간이 없어진다. 5학년 과정은 되도록 많은 단원에 대해 중등과의 연계를 늘 염두해두면 좋다.

5학년 1학기 말에 나오는 다각형도 상급 학년의 기하파트를 책임지는 기초공사이다. 도형의 공식을 암기하듯 외워 문제풀이 하듯 단원을 끝내고 나면 반드시 결함이 나타난다. 공식 또한 암기가 아닌 원리에 대한 개념이해가 필수다. 직사각형을 기본으로 반을 나누는 데서 삼각형의 공식을 배운다. 평행사변형과 사다리꼴의 개념을 확실히 알고 있어야 변형된 모양의 다각형 문제를 이해할 수 있고, 중학교에서 등변사다리꼴 등으로의 확장학습이 가능하다. 마름모와 정사각형이 친구인 이유는? 공통점과 차이점을 찾아보는 탐구과정은 도형에 대한 이해를 높이는 아주 좋은 방법이다.

3학년 때 처음 배우는 도형의 기본 구성요소인 점선면, 선분과 직선, 반직선의 개념이 탄탄하지 않으면 중학교 1학년 2학기에 나오는 작도와 삼각형 단원이 어려워진다. 초등학교 때 배웠던 개념을 기반으로 교선과 교점 등 조금 어려운 용어로 변형되기 때문이다. 5학년 1학기 말 다각형을 배울 때 나오는 높이에 대한 개념도 마찬가지다. '밑변에서 수직으로 만나는 점과의 거리를 높이라고 한다'는 개념이 없으면 다양하게 확장되는 다면체와 도형과 함수의 융합문제 등에서 아주 기초적인 실수를 하게 된다. 아주 작은 개념이라도 완전히 내 것으로 소화하고 익힌 후 유형학습에 들어가야 한다. 유형학습이란 말 그대로 개념의 이해 여부를 다양한 유형을 통해 확인하는 과정이기 때문이다.

5학년 2학기가 되면 합동과 대칭을 배운다. 마찬가지로 중학교 2학년 때 배우는 닮음을 위한 선행이 되는 중요한 단원이다.

점대칭과 선대칭에 대한 개념을 탄탄히 이해해야 중학교 1학년 때 처음 배우는 함수의 단원에서 점들 사이의 대칭관계 이해가 쉽다. 초등과정에서 배웠다는 전제 하에 점대칭의 개념에 대해서는 추가 설명 없이 사분면의 대칭에 대한 문제를 풀어야 하기 때문이다. 초등학교 때 수학을 잘했던 친구들이 중학교에서도 큰 격차없이 무난히 수학을 공부하는 이유이기도 하다. 반면, 초등학교 때 수학이 어려웠던 친구들은 모든 개념이 새롭게만 느껴지기 때문에 이해의 과정 없이 문제풀이로 학습하는 악순환 속에서 수학을 포기하는 수포자가 생기게 된다.

6학년이 되면 어머니들은 시작부터 마음의 부담을 갖게 된다. 중학 수학을 어떻게 준비해야 할까? 선행을 벌써 마치고 고등 과정을 하는 친구들도 있다는데, 너무 늦은 것은 아닐까? 등... 아이마다 갖고 있는 역량과 수준에 따른 고민이 최고조가 되는 시기다. 초등학교의 모든 과정이 상급학년을 위한 기초공사라면 6학년 과정은 새로운 개념을 배우는 것보다 그 모든 과정을 정리하고 돌아봐야 하는 시기다. 비와 비율, 정비례, 반비례 여러 가지 그래프 등은 연계성을 가진 단원이므로 1, 2학기로 나뉘어 있지만 같은 맥락으로 이해하고 통합적인 학습을 하면 좋다. 다양한 실생활의 사례와 연결해 공부할 수 있는 부분이 많은 단원이므로 방학 중 관련 수학동화 등을 통해 이해력을 높여두면 아이들이 두려워하는 서술형에 대한 부담을 한결 줄일 수 있다. 어느 학년, 어느 단원의 과정이 수월하거나 중요하지 않은 부분은 없다. 특히나 6학년은 초등과정의 결함을 체크하고 중학교를 준비해야 하는 중요한 학년이므로 방학을 알차고 유익하게 보내야 한다.

나는 개념노트와 오답노트를 한 권으로 쓰게 한다. 6학년이 되면 초등수학의 계통도를 한번쯤 그려보고 학년별 개념에서 놓치거나 이해하지 못한 부분은 없는지, 자신이 가장 취약한 파트는 어디인지를 여름방학 중 체크하도록 한다. 일전에 중등 수학클리닉에서 개념을 나뭇잎으로 구성하는 초등수학나무라는 수학놀이 체험을 진행한 적이 있다. 수와 연산, 문제와 식, 도형, 확률과 통계, 규칙과 문제해결 등 5개 모둠으로 나눠 각자의 수학나무에 가지를 만들고 잎을 구성하도록 했다. 그런 과정을 통해 아이들은 자신의 변별력과 결함을 재미있게 스스로 확인할 수 있었다.

수학나무의 가지들이 중등과정을 통해 어떻게 연결되고 개념이 확장되는지만 머릿속에 그릴 수 있어도 지난 학년의 결함을 스스로 확인하고, 보수공사를 하는 힘을 갖게 된다. 혹시나 길을 잘못 들어도 잠시 우회하여 돌아가거나 갔던 길을 되짚어 돌아가면 된다. 문제는 돌아서 다시 나갈 길을 찾지 못할 때 나타난다.

큰 그림은 작은 점들과 구성요소로 완성된다. 그러나 큰 그림의 설계도가 없이는 작은 구성요소들을 배치할 수 없다. 중학수학이라는 큰 그림의 줄기와 가지를 구별할 수 있도록 초등과정의 설계도를 다시 한번 그려보는 과정을 통해 아이 스스로 크고 단단한 나무를 완성해 갈 수 있으면 좋겠다.

수학적 논리라는 것은 소위 우리가 직관과 천재성이라고 하는 두 가지 형태의 조화에서 나온다고 볼 수 있다. - 앨런 튜링

내 아이만큼은
수포자가 아니었으면

5장

수학 성적 올리는
방법은 따로 있다

성적 올리는 다섯 손가락

엄지 : 수학보다 국어 = 개념 완성하기

정상까지 올라가야 하는 산이 있다. 해가 짧은 겨울이라 제한 시간 내에 등반을 해야 하고 폭설과 낮은 온도로 춥고 위급한 상황이다. 지도 없이 무작정 열심히 길을 나선 A. 지도는 있으나 해석이 어려워 이정표를 따라가는 B. 지도를 꼼꼼히 보고 계획적으로 접근한 C. 누가 가장 빠르게 등반에 성공했을까?

모든 경우가 그런 것은 아니지만 대체로 수학성적이 좋은 친구들은 C의 경우처럼 절대로 문제를 서둘러 풀지 않는다. 문제가 원하는 부분을 천천히 심사숙고한 후 계획적이고 단계적으로 문제를 해결한다. 전체적인 속도로 보았을 때도 큰 차이는 나지 않는다. 급하게 문제를 푼 친구들은 오히려 오답률이 높기 때문에 수정해야 할 부분을 찾고, 수정하는데 많은 시간을 쓰게 된다.

학년이 올라갈수록 인지력이 향상되었다는 전제 하에 과목도 많아지고 새로운 개념들도 늘어난다. 특히나 수학은 계단식 단계별 학습을 해야 하는 과목이어서 한 계단씩 완성하지 않은 채 고학년의 계단으로 점프하기는 어려운 과목이다. 5학년 때 분수의 곱셈을 이해하기 위해서는 3학년 2학기에 배우는 진분수, 대분수, 가분수의 개념과 분수의 덧셈, 뺄셈에서 통분으로 계산하는 이유에 대해 명확히 알고 넘어가야 한다.

"에이, 그걸 몰라?"라고 생각할 수 있다. 그러나 생각보다 모르는 친구들이 많다. 개념이 완전히 완성되기 전에 문제 유형을 접하기 때문이다. 서둘러 문제를 푸는 친구처럼 단편적으로 많은 양의 문제풀이에만 집중하다 보니 등반을 하던 A와 B처럼 금방 체력이 소진되거나 길을 잃고 헤매는 상황이 발생한다. 이해하지 못하는 한계와 오답이 많아지는 현상이 바로 나타나는 것이다.

'최 고집'과 '최고 집' 띄어쓰기 차이일 뿐인데 둘은 완전 다른 의미를 갖는다. 이처럼 문제에서 원하는 부분이 무엇인지, 어떻게 접근해 문제를 풀 것인지 생각하지 않고 문제풀이에만 집중한 친구들은 학년이 올라갈수록 조금만 변형된 유형에도 처음 보는 문제처럼 어려워한다. 연산다지기 만으로도 기본 유형의 문제들은 소화할 수 있다. 그러나 개념을 완전히 이해하며 공부한 친구들은 학년이 올라가도 폭과 깊이가 넓은 다양한 유형을 어렵지 않게 접근하며 흥미롭게 도전한다.

개념의 이해와 개념완성의 차이는 무엇일까? 개념의 이해란, 배우고 있는 단원이 집이라면 집에 살고 있는 식구들의 이름을 아는 정도다. 개념완성이란, 식구들에 대한 성향까지 파악하고 있는 것이라 할 수 있다. 분수를 배웠다면 분수를 다양한 모양으로 또는 수직선으로도 전체와 부분으로 나누어 다른 사람에게 설명할 수 있어야 '개념이 완성되었다'라고 표현할 수 있다. 문제를 풀 수 있는 것과 누군가에게 설명할 수 있는 것은 차원이 다른 개념이다. 알고 있다는 착각과 진짜 아는 것의 차이를 변별할 수 있는 능력이 개념에 대한 이해와 완성의 차이라 할 수 있다.

개념을 완성하는 방법에는 여러 가지가 있다. 선생님께 들은 설명을 말로 다시 설명해보거나 스스로 정리해보는 것. 둘 다 할 수 있다면 가장 좋겠지만 하나라도 도전해보는 것이 좋다. 앞 단원 메타인지 설명에서 매주 놀이 수학 수업 후 어떤 주제의 수업이든지 부모님께 아이가 직접 설명해보도록 하는 것이 가장 중요하다고 강조했었다. 유치원 때부터 배운 것을 다시 기억하며 설명하는 연습은 메타인지 훈련과 함께 개념완성을 위한 준비과정이다.

더불어 논리적인 표현력까지 상승할 수 있으니 학교에 다녀온 아이에게 질문을 던져보자. "오늘 엄마는 오전 10시에 동사무소에 갔는데, 우리 아름이는 10시에 뭐했어?" "음… 10시면 2교시 수업이었으니까 수학시간이었어요" "그래? 오늘은 모둠 활동이었어?" "아니요. 오늘 선생님께서 칠판에 써가며 새로운 단원에 대해 설명해주셨어요" "아, 벌써 다음 단원을 나갔구나. 길이와 시간이지?" "네. 오늘 시각과 시간에 대해서 배웠어요" "그래? 그럼 엄마랑 저녁 먹으면서 시각과 시간찾기 놀이 어때? 더 재미있는 상황으로 문제 내는 사람 소원 들어주기 어때?" "좋아요!!"

"아름이가 똥모양 미로찾기 놀이기구에서 놀다가 나온 시간은 2시였습니다. 2시는 시간일까? 시각일까?" 정답은 시각이다. 아이들이 많이 어려워하는 유형이다. 바쁜 직장맘이라 대화 나눌 시간이 없다면 아이에게 데일리 학습지도를 만들어보게 하는 것도 좋다. 마인드맵과 비슷한 유형이지만 시간대별로 나뉘어 있어 기억을 더듬어 끌어오기 어렵지 않게 되어 있으니 부모님 퇴근 전에 혼자서도 그림으로 충분히 표현할 수 있다. 자기 전에 자녀와 함께 이야기 나눌 수 있는 아주 훌륭한 도구가 될 수 있다.

고학년의 경우 데일리 학습지도를 만드는 것이 습관화되면 좋다. 중·고등학교에 들어가 한꺼번에 많은 과목에 새로운 개념을 정리해야 하는 준비과정이 될 수 있다. "뭣이 중헌디?"라는 영화 속 대사 한 문장이면 충분하다. 오늘 배웠던 중요한 키워드만 적어보면 된다. 그로부터 파생되는 기억이 조금씩 늘어나는 신기한 경험과 훈련된 메타인지로 시험 준비가 한결 편안해지는 것을 경험할 것이다.

수학자를 원만한 사람으로 만들기보다는 원을 사각형으로 만드는 게 더 쉽다. – 모르건

성적 올리는 다섯 손가락
검지 : 실수도 실력이다 = 연산실수 잡기

5G세대인 요즘은 무엇이든 빠르다. 연산도 한글도 입학 전 마스터를 하는 친구들이 많다. 그래서 6~7세와 초등 저학년이 학년과 나이를 떠나 학력의 차이가 가장 크다. 연산은 기본이라는데, 연산을 잡아야 수학이 수월하다는데 라는 이야기를 한두 번은 들어보았을 것이다. 그렇다. 연산은 매우 중요하다.

수영장에서 수영을 하려면 수영복을 입어야 하듯 수학을 하기 위한 수영복의 개념으로 연산을 이해하면 쉬울 것 같다. 수영복을 입었다는 것은 준비가 되었다는 것이다. 이제 자유형, 배영, 평영, 접영 등 여러 영법을 배우고 익히기까지 많은 과정이 필요하다. 멋진 수영복을 입었다고 수영을 잘하는 것은 아니다. 무엇보다 수영을 즐길 줄 아는 마음이 중요하다. 연산은 수영을 배우기 위한 기본 준비과정이다. 연산에 모든 총력을 기울이지 않았으면 한다. 한 방울씩 떨어지는 물이 바위를 뚫을 수도 있다. 조금씩 부담없이 즐길 수 있는 정도면 충분하다. 수학이라는 마라톤은 이제 시작이니까.

나는 아이들이 암기식 학습에 익숙해지는 것이 싫어서 방문학습은 한 번도 시키지 않았다. 그러나 학년이 올라가면서 훈련되지 않은 연산실력은 실수로 이어졌다. 그때쯤 자유분방하던 학습방법에 처음으로 후회를 했던 것 같다. 큰아들의 실패를 답습하고 싶지 않아 작은딸은 3학년 때부터 학교 숙제로 준비해오라는 문제집은 연산과 유형학습 교재 두 권으로 준비해줬다. 학교 숙제이니 빠지지 않고 할 수 있도록 했고, 바빠서 못 봐주는 서술형은 답안을 보며 연구하도록 했다. 그래도 모르는 것은 질문으로 해결했지만 솔직히 이 방법은 추천하고 싶지 않다.

일단 혼자 문제를 해결하는 주도력은 중학생은 되어야 가능하다. 스스로 해야 하는 일에 대한 당위성이 생겨야 제대로 공부를 할 수 있는데, 초등학교 때는 부모님이나 즐거운 동기를 줄 수 있는 학원을 이용하는 것이 훨씬 효율적이다. 수학공부를 좋아하는 아이는 많지 않다. 재미있고 즐겁게 공부할 수 있도록 적절한 보상과 동기부여의 환경을 제공하는 것이 부모님과 학원의 역할이다.

다시 아이를 키운다면 초등 저학년 때는 계산력보다는 수식간의 관계를 익힐 수 있는 사고력에 조금 더 신경을 쓰고 싶다. 더하기 1을 반복하는 시간에 다양하고 깊이 있게 생각하는 훈련을 하는 것이 아이들이 수학을 훨씬 즐겁고 재미있게 접하는 방법인 것 같다. 2~3학년부터는 방학 중 반학기 선행을 추천한다. 방학 중 아주 쉬운 문제집으로 계산력을 마스터한 후 학기가 시작되면 얇은 연산문제집으로 사고력을 키우면 조금 더 자신감 있게 새학기를 시작할 수 있다. 무엇보다 수학은 반복학습이 중요하다. 방학 중에 쉬운 계산 문제집으로 연습이 되었다 해도 학기가 시작되면 또 잊어버리는 것은 당연하다.

에빙하우스의 망각곡선에 의하면 1시간 공부하고 2분 동안 복습하면 10분 동안 기억되고, 24시간 후 2분 복습하면 7일 동안 기억된다. 7일 후에 다시 2분 복습하면 한달이 기억되지만 한달 후 2분 복습하면 6개월 동안 장기적으로 기억된다고 한다. 신학기가 시작되면 "방학 중 열심히 했는데 왜 아직도 연산을 틀리지요?"라는 질문을 많이 받는다. 아직 장기 기억으로 들어가지 않았기 때문이다. 방학 중 수영복을 입고 발차기와 호흡을 배웠다면 학기 중엔 영법을 정식으로 배워야 한다. 방학 중 선행학습과 복습의 비중에 대해서는 다음 장에서 자세히 설명하도록 하겠다.

삶이란 이 두가지 때문에 좋다. 수학을 발견하고, 또 수학을 가르칠 수 있기 때문이다.

– 푸아송

성적 올리는 다섯 손가락
중지 : 선행과 복습의 비중은?

"선생님, 우리 반에 벌써 중1 수학을 공부하는 친구가 있어요. 나만 뒤처지는 것이 아니냐고 엄마가 걱정하세요." 이제 5학년이 된 유나가 걱정어린 말투로 질문했다. 유나는 과연 뒤처진 것일까?

'뒤처진다'라는 개념은 비교 대상이 있을 때 적용이 된다. 어떤 환경에 노출이 되느냐도 물론 매우 중요한 자극제가 될 수 있다. 그러나 공부는 자신과의 싸움이다. 옆 친구가 선행을 하니까 나도 해야지. 옆집 애가 사고력 수학을 다니니깐 우리 아이도 보내야지 하는 식의 학습은 궁극적으로 능동적 자기주도학습이 될 수 없다.

능동적 자기주도학습은 왜 중요할까? 이유와 목적없이 걷는 사막길에서는 뜨겁고 힘든 한계를 버틸 수 없다. 얼마 전 60일 지구여행 저자 강연회에 다녀온 적이 있다. 1895만원으로 60일 동안 13개국을 여행한 4인 가족 여행기를 담은 이야기였다. 이 사실 만으로도 충분히 놀랍고 배울 점이 많은 강의였다. 그중에서도 무엇보다 인상적인 부분은 꼬박 이틀을 비포장도로로 달려야 하는 사하라 사막을 겨우 4학년 아들이 정신력으로 버텼다는 것이었다. 사하라 사막을 목적지로 스스로 선택한 아들은 힘들면 포기해도 된다는 엄마에게 "정신은 말짱하니 갈 수 있어요"라며 오히려 엄마를 다독였다고 한다. 만약 누군가의 강요에 의한 선택이었다면 중도에 포기할 확률이 높았을 것이다. 어렵고 힘들어도 참아내게 하는 용기는 스스로의 선택과 사하라 사막에 대한 간절한 열망이 있었기 때문이지 않을까?

수학은 깊이 들어가기 시작하면 한도 끝도 없는 과목이다. 2학년 때 처음 배우는 시각과 시간의 문제에서 심화유형이 세계의 시각과 시간을 비교하는 부분까지 확장이 된다. 이때 어렵고 하기 싫다는 생각이 들면 절대 문제를 해결할 수 없다. 궁금증과 호기심 그리고 문제를 풀어내고야 말겠다는 오기가 필요하다. 사하라 사막의 모래를 만져보고 싶어서 심한 멀미를 이틀이나 참아낼 수 있었던 용기처럼 한계를 극복할 만한 목표와 동기가 힘겨움을 이겨내게 한다.

나는 방학 중에는 학습의 절반은 새 학기에 대한 개념과 연산만으로 선행 진도를, 나머지 반은 지난 학기에 대한 서술심화 등의 복습을 진행한다. 방학 중에 개념 연산이 준비되었기 때문에 학기 중에는 본인 역량보다 한 단계 높은 레벨의 문제집을 선정한다. 예를 들어 디딤돌교재 중 〈기본+유형〉에는 1, 2, 3단계별 유형과 최상위코스로 한 단원이 구성되어 있다. 학기 중에 1~3단계의 오답노트까지 소화하고, 방학에는 최상위코스와 오답노트로 복습을 한다. 지난 학년 중 어려웠던 부분이나 아직 부족한 부분을 파악하고 다음 학기를 위한 결함을 채울 수 있는 아주 중요한 시기이기 때문이다.

방학이 시작하면서 학원에 들어온 친구가 있다면 주 5회로 학습량을 늘리고 학년과 무관하게 지난 학년에서의 개념과 연산 결함을 파악하는데 총력을 기울인다. 부모님들이 생각하는 것과 달리 아이들은 복습과 서술형, 오답수정, 오답노트 작성보다 선행 학습을 좋아한다. 새로운 것에 반응하는 뇌의 특성 때문이다. 그러나 지난 학년의 결함을 가진 채 학년 선행을 진행하면 반드시 고장이 난다.

차라리 결함이 많다면 선행의 과정은 연산학습 정도로 비중을 줄이는 것을 추천한다. 선행 파트는 새 학년에서 또는 2학기 중에 조금 더 열심히 공부하면 되지만, 지난 학년 복습은 방학이 아니면 학기 중엔 진행하기 어렵기 때문이다. 학기 중에 실력이 많이 늘어난 친구들은 스스로 조금 더 높은 레벨의 문제집을 원한다. 이때가 실력을 상승시킬 수 있는 최적의 타이밍이다. 친구들마다 조금 다르긴 하지만 지난 학기는 이미 개념과 연산 그리고 유형학습이 본교재와 단원평가로 마무리된 상태이므로 최고 수학 등의 복습용 심화 교재를 선택해 진행할 수 있다면 가장 이상적이다.

그러나 이때도 아이들의 선택과 의견이 제일 중요하다. 방학 중 실력을 상승시키겠다는 목표로 조금 더 시간을 투자하고 본인 의지로 의욕적으로 시작할 수 있는 마음가짐을 심어주어야 한다. 그렇게 시작해도 최고 수학 이상의 레벨은 깊이 생각하며 해결해야 하는 문제들이 많아서 대체로 아이들이 선호하지 않는다. 같은 시간에 소화할 수 있는 문제양도 적다. 때문에 어머니들은 진도 욕심을 내려놓고 실력을 쌓기 위해 고군분투하며 생각하는 힘을 키워가는 아이를 적극 격려해야 한다.

기본적으로 학원에서 아이들을 가르치는 선생님이라면 모든 유형의 문제들을 풀 수 있다. 그러나, 선생님이 문제를 풀 수 있다고 해서 모든 아이들의 실력이 쌓이는 것은 아니다. 때문에 최대한 스스로 고민할 수 있도록 이끌어주고 최소한 두 번 이상 생각하고 식을 세워본 후에도 해결되지 않는 문제가 있다면 힌트를 주고 스스로 해결하는 과정에서 아이의 진짜 실력이 쌓이게 된다. 그리고 반드시 숫바오노^(숫자바꿔오답노트)나 문바오노^(문제바꿔오답노트)를 통해 아이가 정말 문제를 이해했는지 확인해야 한다.

이 부분은 어머니들이 집에서 숫바오노나 문바오노를 숙제로 진행할 때 조금 더 신경써주면 좋다. 선생님이 집에서의 학습과정까지 확인할 수는 없으므로 오답노트에 아이가 아직 완벽히 이해하지 못한 문제는 형광펜으로 표시해주는 정도만으로도 충분하다. 대체로 많은 아이들이 오답노트 작성을 싫어한다. 오답노트의 중요성은 학교 선생님부터 학부모님들까지 많이 알고 있지만 제대로 진행하는 경우는 많지 않다. 받아쓰기 노트처럼 오답을 적고 답을 베끼는 경우가 많다. 설사, 풀었다 하더라도 선생님이 풀어준 유형을 외우듯 기억해서 풀어오는 경우가 많다.

이런 착각이 함정이다. 예쁜 글씨로 문제까지 꼼꼼히 토시 하나 빠트리지 않고 작성한 오답노트가 실은 실력에는 아무런 도움이 되지 않는 경우도 많다. 보여지는게 실력이 아니기 때문이다.

오답노트 작성 시 되도록 문제는 숫자를 바꾸거나 줄여서 요약정리하는 것이 좋다. 요약을 하려면 한 번 더 생각해야 하고 그 요약의 과정을 수식화한 것이 식이 되기 때문이다. 서술형 문제를 끊어 읽기 하고 그 부분을 수식화해 식으로 풀이과정을 채워가는 과정을 훈련하는 것은 매우 중요하다. 한 문제에 여러 가지 개념이 들어있거나 과정이 조금 응용된 문제를 해결해야 하는 심화과정이나 학년이 올라갈수록 깊이 있고 어려워지는 개념을 소화하는 데에도 많은 도움이 되기 때문이다.

이번 방학에는 숫바오노, 문바오노로 지난 학년 서술 복습과 새 학기 연산, 개념선행에 도전하는 것은 어떨까?

정확하게 보면 수학에는 진리뿐만 아니라 최고의 아름다움도 숨겨져 있다.
– 버트런트 러셀

성적 올리는 다섯 손가락
약지 : 서술형 잡아먹기

서술형 문항은 모든 아이들이 특히나 싫어하는 수학파트이다. 왜일까? 사실 페이지상 구성으로 보아도 서술형에 비해 일반 유형의 문제수가 두세 배나 많은데도 서술형만 나오면 일단 거부감을 갖는 것 같다. 그 이유는 읽는 것과 생각하는 것이 싫기 때문이다. 특히나 스마트폰을 가진 아이들의 연령이 어려질수록 생각하는 힘은 점점 줄어드는 것이 느껴진다. 아이들이 게임을 좋아하는 이유를 물어보면 '재미있다'는 대답이 많이 나온다. 깊게 생각하지 않아도 자극적이고 흥미로운 요소들이 재미를 제공해주기 때문이다. 생각하는 힘을 기르는 훈련과 연습이 그래서 더욱 필요하다.

"선생님, 이상하게 집에서 숙제하거나 혼자서 풀 때는 이해가 안 되는데 선생님이 설명해주시면 문제가 쉽게 풀리는 것 같아요" 이것이 학원의 가장 큰 아킬레스건이다. 아킬레스건이란 치명적인 약점을 표현할 때 많이 쓰는 단어이다. 나는 학원은 자기 주도 학습의 초석이자 습관을 유지하기 위해 제공되는 장소여야 한다고 생각한다. 선생님의 설명을 들으면 쉬운데 혼자서는 문제 해결이 안 된다면 그것은 모르는 문제다. 그런데 설명을 듣고 해결하면 마치 이제 알게 된 것으로 착각한다.

중·고등학생들이 많이 활용하는 동영상 학습도 마찬가지다. 앞에서 한번 짚었던 것처럼 동영상 강의를 홈쇼핑 시청하듯 공부하면 긴 시간 공부를 했기에 많은 양의 공부를 한 것으로 착각할 수 있지만 정작 내실은 별로 없는 공부를 했을 위험이 높다. 하버드대학교에서 연구한 결과에 의하면 생각하는 것, 글로 쓰는 것, 말하는 것에 따른 성취 결과는 생각만 했을 때보다 글로 썼을 때 그리고 말로 표현했을 때 성취율이 2배, 5배, 10배로 증가한다고 한다. 그만큼 언어로 전달되는 힘이 크다는 것을 알 수 있다.

그러나 동영상 학습이나 선생님의 설명은 적극적인 말하기 학습이 아니다. 수동적인 듣기 학습이기 때문에 게임을 할 때보다는 머리를 쓰게 되지만 INPUT으로 입력된 정보를 OUTPUT으로 출력하는 과정을 거치지 않으면 들었던 정보는 금방 휘발된다. 조금 전에 들었던 전화번호도 다시 생각하려면 기억이 잘 안 날 때가 있다. 같은 이치이다.

그럼 서술형을 쉽게 정복할 수 있는 방법은 무엇일까? 독서, 높은 이해력, 식 세우기 연습과 같은 교과서적인 답은 모두 알고 있다. 그러나 실천하지 않는 것이 문제다. 수영장에서 수영복이 연산력이라면 어느 정도 깊이의 물에서 수영을 할 것인지 정하는 것이 바로 아이의 실력이다. 그 방법은 책을 많이 읽고 이해력을 높이는 것이다. 자신이 알고 있는 개념과 실력만큼 수영장 물이 채워진다면 우리 아이 물의 수위는 어느 정도일까? 깊은 물에서는 그만큼의 수영 실력이 필요하다. 그러나 바닥이 보일 만큼 물이 거의 없는 수영장에서는 수영 자체를 할 수 없다. 수학이라는 수영장에서 자유롭게 놀려면 기본기가 탄탄한 수영 실력도 필요하지만 이해력이라는 물의 수위도 자신의 나이와 키 만큼은 높아야 한다.

책읽기는 모든 학습의 기본이다. 아무리 강조해도 지나치지 않다. 실력을 마음껏 발휘하려면 기본적으로 수영장 물이 채워져 있어야 한다. 그 다음으로 중요한 것은 동기부여이다. 구슬이 서 말이라도 꿰어야 보배라는 말처럼 하고자 하는 의지를 얼마나 이끌어 내는지, 조금 더 긴 호흡과 본인 의지로 집중해 공부하는 시간을 늘리는지가 가장 중요하다.

나는 그날의 과제 양을 내어줄 때 항상 한 장 정도 많은 목표로 도전하도록 한다. 그리고 중반쯤 지나서 집중도가 흐려질 때쯤 오늘 집중해서 열심히 했으니 한 장 줄여준다 라는 방법으로 중간 동기부여를 한다. 일종의 뇌속임 기법이다. 대신 약속한 양이 빨리 끝났다고 해서 절대 추가학습을 시키지 않는다. 약속에 대한 보상과 믿음이 있어야 다음에 같은 기회가 왔을 때 훨씬 더 집중하고 몰입해 효율성을 높일 수 있기 때문이다.

오늘 날씨는 맑지만 내일은 먹구름에 소나기가 내릴 수도 있는 자연현상을 인간의 힘으로 좌지우지할 수 없듯 아이들도 그날의 기분과 컨디션이 있다. 정해진 시간만을 채워야 하는 학원과 공부라면 굳이 더 많은 양을 더 열심히 할 필요가 없다.

"우와, 이제 연산왕인데. 어쩜 이렇게 잘 풀었지? 단계를 좀 올려도 되겠는데" 채점을 하며 툭 건네는 칭찬 한마디가 아이를 움직인다.

때론 "오늘 너무 힘들구나. 간식이라도 조금 먹으면서 쉬었다 할까?"처럼 마음을 읽어주는 과정만으로도 아이들은 다시 공부할 힘을 얻는다. 아이들은 늘 칭찬에 목말라 있고 더 잘하고 싶고 그러면서 더 놀고 싶어한다. 주도권을 선생님이나 엄마가 아닌 아이 스스로 쥐고 있다는 마음이 들게 해주면 아이들은 잠재되어 있던 잘하고 싶은 본능으로 마음을 돌리게 된다.

서술형을 잘 하기 위해 아이 마음도 읽어주어야 하고 책도 읽어주어야 하고 아웃풋도 시켜줘야 하니 복잡하고 어렵게 느낄 수 있다. 모든 것을 다 잘하려고 하면 힘이 들어가고 힘이 들어가면 오래 유지하기 힘들다. 매일 꾸준히 오래 실천할 수 있는 방법을 정해 실천하는 것이 중요하다. 학원을 다니더라도 집에서 공부하는 자기주도학습의 시간은 꼭 필요하다. 일명 숙제라고 한다. 무의식적으로 몸이 인식하고 반응하도록 같은 시간에 10~20분, 매일이면 좋겠지만 주 3회여도 훌륭하다. 그날 숙제할 때 서술형 1, 2문항을 풀어보는 것이다. 그러나 절대 2문제를 넘기면 안 된다. 아이가 더 하고 싶다 해도 2문제로 제한해야 한다. 2문제가 주는 쉬운 느낌이 오래 즐겁게 서술형을 공부할 수 있는 원동력이 된다.

이때 문항수와 함께 꼭 지켜야 할 일은 반드시 문장을 중간중간 마침표까지 잘라 읽고 문장 그대로 단계별로 식을 세우는 것이다. 의욕이 앞서 풀이과정에 한글로 설명을 장황하고 방대하게 쓰는 친구가 있다. 고쳐주어야 한다. 시간 분배도 전략이기 때문이다. 반드시 간략화, 수식화해 단계별로 나눠 읽은 부분을 수식화하는 연습을 해야 한다. 여기에 기본이 되는 책읽기로 1~2권씩 수학책 읽기를 추가해 매일 30분 정도의 습관을 길러주어야 한다. 그 30분이 30일만 채워져도 어마어마하게 놀라운 힘이 되는 것을 경험할 수 있다.

자연의 법칙이란 신의 수학적 방법일 뿐이다. - 유클리드

성적 올리는 다섯 손가락

애끼 : 약속해요 오답노트 개념노트로 확인하기

오답노트, 복습노트의 중요성은 많이들 알고 있다. 상위권 학생일수록 상급학년으로 올라갈수록 시간을 어떻게 효율적으로 관리하고 학습하느냐가 중요하다. 대체로 아이들이 수학을 싫어하는 것 같지만 생각 외로 많은 친구들이 문제푸는 것을 좋아한다. 쉽고 재미있거나 친구와의 경쟁모드로 돌입하면 의욕도가 상승해 깜작 놀랄 만큼 많은 양의 문제를 풀어오기도 한다. 중요한 것은 오답과 피드백이다.

학습의 과정을 다섯손가락으로 나눠보면 예습 → 수업 → 복습 → 시험 → 피드백의 과정이다. 많은 친구들이 학원 등의 선행학습으로 예습의 과정은 탄탄히 하고 간다. 우리 학원에서도 방학 중 반 학기 선행을 진행한다. 기본개념과 연산훈련으로 새 학기에 조금 더 자신감 갖고 수업을 들을 수 있도록 반 학년 선행만을 진행한다. 그보다 진도가 빠른 친구들은 학년심화문제로 실력을 높이는데 여유시간을 쓸 수 있도록 이끌어주고 있다. 문제는 친구들이 틀린 문제에 대한 오답수정과 반복다지기를 통해 내 것으로 만드는 과정인 오답노트 작성을 싫어한다는 것이다. 오답노트 작성문제를 형광펜으로 표시해 숙제를 내어주면 10명 중 8명은 어김없이 문제와 식, 답을 고스란히 받아쓰기 해오는 형식으로 오답노트를 작성해서 온다. 내 것으로 만드는 과정인 공부를 하기 위함이 아니라 그저 숙제로만 진행하는 것이다. 물론 한번 써보는 과정 자체도 도움이 된다. 그러나 좀 더 효율성을 높이려면 긴 문장을 잘라 읽고, 요약해서 정리한 다음 식과 답을 쓰도록 가르친다. 이 부분에 익숙해지면 오답노트 확인 시 숫바오노(숫자 바꿔오답노트)의 문제에도 당황하지 않고 다시 한번 풀어보며 확실히 이해가 안 된 부분 등을 확인할 수 있다.

오답노트와 개념노트는 세상 하나뿐인 나만의 참고서이다. 성적이 우수한 고등학교 친구들에게 수학 공부 방법을 물어보면 공통적으로 오답노트와 한 권 문제집의 반복을 이야기한다. 그만큼 완전한 내 것으로 만드는 과정은 중요하다. 알고 있다는 착각에 빠지지 않았는지 스스로 확인하고 다시 정리하며, 나의 것으로 만드는 과정은 상급으로 올라가는 지름길이다. 저학년은 글씨

쓰기가 서툴거나 문제를 요약정리하는 방법을 모를 수 있다. 부모님과 선생님의 도움을 받아야 한다. 중학교 이상부터는 서술형 문항일지라도 스스로 단락을 나누고 요약 정리해 오답노트를 만들도록 해야 한다. 실패와 실수 그리고 시도를 통해 확실히 알고 모르는 부분을 변별하면서 성장판의 근육을 키울 수 있도록 해야 한다.

 수는 우리 마음의 산물이고, 공간은 마음 밖의 현실이다. 그래서 우리는 수가 주는 재산이 최고라고 생각해서는 안 된다는 것을 겸허하게 인정해야 한다. – 가우스

내 아이만큼은
수포자가 아니었으면

6장

수학에게 질문하고
수학에서 답 구하기

유명한 강사 유명한 학원
어떤 걸 선택해야 할까요?

4~5년 전부터 '맞춤학습'이란 말이 유행처럼 번지고 프랜차이즈 수학학원의 구조가 많이 달라졌다. 학원 특성상 아이의 교과 성적으로 강사의 자질이 평가된다. 단편적인 성적평가에서 벗어나 근본적인 수학의 재미를 느끼고 한약같이 탄탄한 수학의 힘을 길러주고 싶어 놀이 수학을 오픈했다. 그러나 학년이 올라가면서 교과수업을 원하는 어머니들의 부탁으로 고민하다 교과 맞춤학습형 프랜차이즈를 가맹했다.

20대에 겪었던 보습학원 형태의 단점을 극복하려고 다각도로 알아보고 심사숙고해 선택했지만 장단점이 있었다. 맞춤학습 시스템을 선택하면 우선 수학을 구성하는 5대 영역(수와 연산, 도형, 측정, 확률과 통계, 규칙성)의 오각형 분포도로 아이의 레벨을 테스트한다.

영역별 결함을 파악하고 레벨이 결정되면 같은 레벨이어도 서술 심화, 연산속진형 등 아이의 역량에 따른 맞춤 처방을 하게 된다. 내 아이만의 맞춤 문제집을 만들어준다는 개념은 무척 매력적이다.

나는 매달 본교재 한 권과 레벨별 학습지 추가 출력물을 활용했다. 그러나 본교재의 레벨 또한 중급 이상이었기에 모든 아이에게 적용하기에는 한계가 있었다. 한달씩 나오는 교재 한 권을 완벽하게 소화하기도 벅찬 친구들이 많았다. 서술형 문제의 경우 오답노트로 반복하지 않으면 자기 것으로 소화하지 못한다. 본교재와 오답노트 그리고 레벨별 시트지 모두를 소화시키는 것은 부담스러웠다. 하나라도 집중해서 완벽하게 진행하는 것이 좋겠다고 판단해 과감히 일반서점용 교재 시스템으로 다시 돌아왔다.

다양하게 변형되는 유형을 문제풀이의 반복으로 해결하는 것은 한계가 있다. 개념에 대한 충분한 이해 과정 없는 문제풀이 위주의 학습이 수학을 어렵게 한다. 이런 문제를 해결하기 위해서는 개인별, 수준별 문제집 선정이 최우선이다. 나와 함께 공부하는 친구들은 대체로 오랜 시간 함께 한 친구들이기에 성향별로 수학적인 장단점을 모두 파악하고 있었다. 때문에 수준에 맞는 문제집을 선택할 수 있었다. a친구와 b친구의 레벨이 비슷할 경우, 유형학습이 끝나면 서술형은 서로 다른 문제를 풀어볼 수 있는 장점도 있고 무엇보다 손실없는 수준별 학습으로 효율성을 높일 수 있다는 큰 장점도 있다. 일반학원이 이런 시스템을 갖추는 것은 아마도 어려울 것이다. 한 명의 선생님이 소화해야 하는 업무의 양이 많기 때문이다. 선생님의 입장에서는 한두 명만 문제집이 달라도 일이 두 세배는 많아지기 때문이다. 아이들에게는 최적의 시스템이 학원의 운영면에서는 부담스러울 수밖에 없는 상황이다.

그러나 나는 소규모 그룹과외 형태의 수업을 과감히 실행하면서, 학년이 아닌 a타임, b타임으로 시간을 나눠 개별질문과 진도를 설정하는 형태로 수업을 진행했다. 개별 설명을 다 따로 해줘야 하는 완전 과외 시스템이었다.

하나의 문제집으로 다양한 레벨의 친구들을 판서형태로 이끌어가는 수업은 아이들에게는 비효율적일 수밖에 없다. 그러면 대형학원의 분반시스템은 어떨까? 대형학원에서 모든 분반에 경력이 많은 실력있는 강사를 쓰는 경우는 고등학생 대상이어도 극히 드물다. 특히나 자기주도학습이 강화된 학원의 경우 티칭보다는 코칭 시스템의 비중이 더 크다. 선생님의 역할보다도 스스로 탐구하고 학습하는 시간의 규칙성과 강제성을 스스로 갖기 위해 학원을 이용한다는 것이 조금 더 정확한 표현일 것이다. 학생 한 명한 명을 파악하고 성향별 맞춤 학습을 진행하는 것은 단순히 문제를 가르치는 능력과는 다른 부분이다.

장기적으로나 내실적인 면으로는 경력과 경험이 많은 선생님께 코칭과 티칭을 받는 것이 가장 이상적이다. 그러나 현실은 다르다. 시스템과 브랜드 네임을 보고 학원을 선택했다면 지금 이 순간부터 다음 학기는 내 아이의 성향별 맞춤학습이 가능한 곳을 반드시 고려해야 한다. 학원의 가장 큰 약점은 스스로 알고 있다는 착각을 할 수 있다는 것이다. 선생님께 설명을 듣고 문제를 해결하고 긴 시간 공부를 했다는 것으로 '수학공부 많이 했다' '수학을 잘 한다'는 자기 만족과 위안을 하게 되는 상황이 제일 위험하다.

자신을 믿고 열심히 하는 과정 속에서 아이의 성장 속도에 맞게 이끌어주고 동기를 부여해주는 것이 학원 선생으로서 할 수 있는 가장 큰 역량이라고 생각한다. 아이들에게는 무한한 잠재력이 숨어 있다. 그 능력을 얼마나 어떻게 끌어내느냐의 문제다. 다이아몬드를 어떻게 세공해야 더 가치를 높일 수 있는지는 다이아몬드 세공사에게 물어보는 것이 가장 빠르다. 수학도 마찬가지다. 수학 그 이상의 가치를 실현시키기 위해 고군분투하는 선생님과 함께 한다면 아이는 반드시 시간이란 과정을 거쳐 자신이 목표한 그 이상으로 성장할 수 있다.

그럼 훌륭한 선생님이란 단지 경력이 오래된 선생님일까? 내 아이의 성향과 장단점을 파악하고 그에 맞게 이끌어주는 선생님 이라면 경력은 그 다음이다. 얼마나 편안하고 즐겁게 꾸준히 공 부할 수 있도록 이끌어주느냐, 거기에 경험에서 나오는 재미있고 쉬운 강의력까지 갖춘다면 금상첨화일 것이다.

신은 자연수를 만들었고, 그 밖의 모든 것은 사람이 만든 것이다. - 크로네커

수학 머리는 정말 타고나는 걸까요?

나는 고등학교 첫 중간고사 성적이 고3때까지 간다는 말 때문에 밤을 지새우며 공부했는데 기대에 미치지 못한 성적으로 좌절했던 기억이 있다. 그 트라우마가 고3때까지 이어졌다. 대체로 성적이 좋은 친구들은 학년이 올라가도 그 성적이 유지되지만 성적이 부족한 친구들은 오랫동안 수학으로 고전한다. 그럼, 과연 수학 머리는 타고나는 것일까?

학교 성적이 우수한 친구들은 앞에서 이야기했듯 다중지능 중 언어지능과 논리 수학지능이 높다. 비단 수학뿐 아니라 책을 많이 읽어 언어 이해력이 좋은 친구들은 사회, 과학 등 다른 과목들도 어렵지 않게 좋은 성적을 낸다. 수학도 연산과 문제풀이 이전에 언어 이해력이 기반이 되어야 하는 과목이다. 개념 이해가 충분히 된 친구들은 연산훈련과 함께 바로 유형학습으로 들어가도 무리가 없다. 유형학습을 진행할 때도 빠른 이해로 아는 것과 모르는 것을 구별할 수 있는 메타인지적 학습이 가능하다. 그럼 수학 성적이 낮은 친구가 수학으로 역전 홈런을 날리는 것은 불가능할까? 결론을 먼저 이야기하자면 가능하다. 전략적으로 역전에 성공한 고학년 두 명의 경험을 통해 현재 내 아이의 성향에 맞춰 역전의 명수가 될 또는 더 높은 도약을 향한 방법을 알아보자.

1) 6학년, 이미 늦었다고?

6학년 1학기가 거의 끝날 무렵 소개로 학원에 온 문빈이는 매우 해맑고 성격이 좋은 친구였다. 기존에 아이스크림 홈런 영상학습은 해봤으나 수학학원은 처음이었다. 그러나 학구열이 비교적 높은 동네에 살고 있었기 때문에 주변의 많은 친구들은 학원에서 이미 중학교 선행을 마친 상태였다. 빈이와 빈이의 어머니는 상담가는 곳마다 늦었다는 얘기만 듣고 많이 지친 상태였다. "선생님, 정말 늦은 건가요?"라는 말에 나는 식상하지만 "늦었다고 생각될 때가 가장 빠른 때이죠"라고 대답했다. 여름방학 전 매일학습이 가능하면 최대한 지난 학년 결함을 파악해서 끌어올리고 방학 중 집중학습으로 6학년 1학기까지 올려보기로 하고 수업을 시작했다. 대신 조건은 무조건 열심히 잘 따라 오는 것이었다. 하루 2~3시간, 때로는 4시간 이상 집중해 6학년 한 학기를 끝냈다. 빈이의 열정이 이뤄낸 결과였다. 한번 성공의 경험을 한 빈이는 2학기에는 조금씩 성적이 오르더니 90점의 궤도에 올랐다. 6학년뿐 아니라 중학생도 결코 늦지 않았다. 비결은 바로 해내고야 말겠다는 본인의 의지다.

2) 5학년의 인생 승리(역전의 명수가 되는 방법)

수학실력을 올리는 엘리베이터나 에스컬레이터가 있으면 얼마나 좋을까? 그러나 불행히도 수학은 한 계단, 한 계단 쌓아 올라가야 정상에 도달할 수 있는 산이다. 기반이 약하면 건물이 다 완공되어도 부실공사로 취약한 부분이 나타난다. 수학도 지난 학년의 결함을 갖고 있을 경우 반드시 상급학년에서 부족함을 맞닥뜨리게 된다. 계단식 학습이란 아래 계단을 무리하게 5, 6칸씩 뛰어오를 수 없다는 뜻이다. 예를 들어 5학년 때부터 함께 공부하기 시작한 수아의 경우 교과 개념조차 정확한 개념인지가 되어 있지 않은 상태였다. 약수와 배수, 최대공약수와 최소공배수의 진도를 나가고 있었지만 "왜 최소공약수, 최대공배수란 말은 없는 걸까"라는 나의 질문에 대답을 못했었다.

이렇게 어설프게 5학년을 보내면 그 결함은 중학교 1학년 첫 단원인 소인수분해에서 나타난다. 약수 중 1과 나 자신만을 약수로 갖는 수를 소수라 하고, 소수인 인수들로만 수를 나누는 것을 소인수분해라 한다는 기본 개념이 이해되지 않으면 거듭제곱으로 표현된 소인수분해의 최대공약수와 최소공배수 개념의 문제들은 당연히 외국어로 느껴진다. 그래서 처음부터 다시 시작했다. 초등 과정은 중등에 비해 상대적으로 개념이 적기 때문에 고학년의 경우 하루에 2~3시간씩만 투자하면 단기간에 개념과 유형학습 결함을 극복할 수 있다.

초등학교 5, 6학년 때 배우는 개념이 100개라고 한다면 중학교 1학년 때만 80개 가량의 새로운 개념을 배운다. 5, 6학년의 개념이 탄탄하게 바탕이 되지 않으면 나의 것으로 흡수할 수 없게 된다. 수아는 이런 과정에 대한 설명을 이해하고 몰입할 수 있는 고학년이었기에 차근차근 설명하고 두 달간 스파르타 훈련을 감행했다. 워낙 성실하고 하고자 하는 의욕이 높은데 비해 성적이 안 나왔던 친구였기에 단원평가 점수는 차곡차곡 올라가 상위권이 되었고 5학년 2학기를 시작할 때에는 심화유형과 서술형이 적절히 가미된 문제집으로 공부할 수 있을 만큼의 실력이 쌓였다. 처음부터 평탄한 길은 아니었다. 노는 시간도 줄이고 숙제도 꼬박꼬박했던 성실함이 빛을 보는 시기가 되었던 것이다. 본인 의지로 열심히 노력한 만큼의 결과가 보이기 시작하니 수학의 재미를 느끼고 스스로 남아서 더 많은 공부를 하는 아이가 되었다.

💬 신도 산술을 한다. - 가우스

유형이 조금만 바뀌면 문제를 틀리는 아이?
(유형 잡는 다섯가지 step)

"선생님, 그렇게 많은 문제를 푸는데도 유형이 조금만 바뀌면 왜 처음 보는 문제처럼 모른다고 할까요?" 종종 학부모들에게 듣는 질문이다. 수학을 잘하는 두 가지 비결은 이해력과 자신감이다. 대체로 모든 아이들이 수학을 싫어할 것이라고 생각하지만 실제로 아이들은 수학을 재미있어한다. 수학이 싫다 라고 느껴지는 순간은 어렵기 때문이다. 어렵다는 것은 이해를 못 한다는 뜻이다.

대부분의 많은 아이들이 문제집 위주의 유형 학습으로 공부를 한다. 개념은 학교에서 배웠기 때문에 더 이상 읽어보지 않고 문제를 푼다. 문제를 풀 때도 꼼꼼하게 문제에서 원하는 것을 찾으려고 접근하기보다 대충 읽고 바로 문제풀이로 들어간다. 거의 80% 이상의 학생에게서 나타나는 문제점이다.

'어머니 가방에 들어가신다'와 '어머니가 방에 들어가신다'는 완전히 다른 의미이다. 한 개에 900원짜리 사과 3개의 가격은? 3×900=2700원이 정답이다. 그러나 900 나누기 3으로 계산하는 친구들이 종종 있다. 지금 나눗셈 단원을 배우기 때문에 당연히 나눗셈 문제일 것이라 생각하는 것이다.

이렇게 이해되지 않은 단원이 쌓인 채 고학년을 지나면 문제는 언제 나타날까? 초등학교 때 어떤 수로 배운 문제의 유형들을 미지수 x로 나타내고 등식의 개념으로 방정식을 풀어 해를 구하는 일차방정식은 중학교 1학년 때 배운다. 그러나 전혀 새로운 개념이 아니라 초등 과정에서 어떤 수로 배웠던 문제가 문자화되고 조금 복잡해진 것이기에 초등 과정에 결함이 있다면 어려울 수밖에 없다. 더구나 소수, 합성수, 소수인수로 나누는 소인수분해부터 정수, 유리수, 음의 정수, 절대값, 함수까지 중학교 1학년 1학기 만해도 초등 과정과는 비교할 수 없을 만큼 많은 개념을 배워야 한다. 한번 개념에 빈틈이 생기면 처음에는 티가 나지 않지만 점점 더 큰 빈틈이 생기고 그 빈틈을 메우기도 전에 또 다른 개념과 연산이 물밀듯 밀려와 중학교 2학년 쯤에는 "여긴 어디?" "나는 누구?"라는 말처럼 이해하기 어려워지고, 그렇게 점점 수포자의 길로 접어들게 된다.

중학 과정까지 미리 이야기하는 것은 분명 초등 과정 때는 머리도 좋고 그렇게 많이 공부하지 않아도 단원평가 성적이 잘 나오니 특별히 위기의식이 없던 친구들도 중학교에 가면 힘들어하기 때문이다. 중학교에 올라가니 부쩍 일찍 일어나야 하고, 수행평가 등 해야 하는 과제도 많다. 거기다 7교시의 수업으로 초등학교 때보다 2시간 정도 늦게 끝난다. 수학, 영어학원을 쫓기듯 다니면 금세 날은 어두워지고, 무언가 열심히 잘하고 싶지만 몸도 마음도 쉽게 따라주지 않는다.

그러다 보니 교과 수업시간에는 졸고, 교과서의 개념도 탄탄하지 않은 상태로 무조건 문제풀이 숙제를 하려니 막막하기만 하다. 개념이 탄탄히 준비되지 않은 채 문제집을 풀며 유형 학습을 하는 친구들은 마치 공사도 끝나지 않은 집에 가구를 밀어 넣는 것과 비슷하다. 미리 가구를 넣어두면 공사를 할 때마다 옮겨야 하는 번거로움이 생길뿐 아니라 어느 가구(개념)가 어디에 있었는지조차 헷갈리게 된다. 기초 공사가 완벽히 끝난 후 가구는 하나씩 제자리에 배치해야 한다. 그렇게 가구 배치가 끝나야 세부적인 인테리어(서술형) 작업에 들어갈 수 있다.

그럼 다양한 유형 변화에도 흔들리지 않을 탄탄한 구조의 집 짓기 방법을 5가지로 정리해보자.

1) 무조건 무조건이야 – 개념있는 수학으로 시작하자

: 수학 교과서의 구성을 살펴본 적이 있는가? 한 단원의 구성을 살펴보면 문제의 비중보다 설명이나 예시가 7대3 정도의 비율로 나뉘어 있다. 그만큼 새로운 개념에 대한 이해가 중요하다는 의미이다. 그러나 대부분의 아이들은 이야기로 듣는 것은 좋아하지만 직접 설명을 읽고 이해하는 것은 싫어한다. 요즘은 EBS뿐 아니라 스타 강사들의 훌륭한 개념 설명을 들을 수 있는 강의가 넘쳐난다. 그러나 유튜브 등의 동영상으로 개념 학습 시 반드시 주의해야 할 부분이 있다. 영상 학습 후 반드시 나만의 개념정리 노트를 작성해야 한다. 아이가 옹알이를 거쳐 엄마라는 단어를 말할 때까지 보통 빨라도 1년 정도 걸린다고 보면 새로운 개념이 내 것으로 되는 것도 한두 번의 반복으로는 어렵다는 것을 알 수 있다. 내가 어떤 수학적인 개념을 알고 있다 라고 말할 수 있는 것은 누군가에게 이해할 수 있도록 설명할 수 있음을 뜻한다. 동영상 학습을 하든, 교과서로 개념정리를 하든 내 머릿속에 정리가 되어 말로 설명할 수 있거나 백지노트에 개념정리를 할 수 있을 정도가 되어야 한다.

2) 유형 가지고 놀자 – 유형 문제 난이도 스스로 변별하기

: 이미 기존 문제집에 1, 2, 3 단계 난이도가 설정되어 있다. 문제집에서 나눈 레벨은 말 그대로 대표적인 평균치로 나눈 것이다. 이 유형을 나만의 유형으로 변별해 효율성 높은 학습을 연습해야 한다. 중·고등학교로 학년이 오를수록 공부할 것은 많고 시간은 현저히 부족하다. 초등학교 과정부터 변별력 있는 학습을 연습해두면 수학에 써야 할 많은 시간을 다른 학습이나 휴식에 쓸 수 있다. 일단 1, 2, 3단계로 설명하자면 문제집의 1단계 과정은 개념과 연산을 확인하는 매우 중요한 과정이지만 여러번 반복할 필요는 없는 부분이기도 하다.

2단계는 본격적인 유형 학습으로 이 유형 또한 개념 위주, 심화서술 위주, 신경향 창의 유형 등 다양하다. 유형 학습을 '꼭 나오는 시험문제' '최상위 문제' 등으로 나누기도 한다. 그러나 그냥 2단계 유형 학습이 타교재의 최상위 문제와 동일한 레벨을 갖기도 한다. '최상위'라는 말의 힘에 따라 도전정신을 갖는 친구도 있겠지만 일반적으로 부담스럽게 느끼는 친구들이 더 많다. 내아이의 레벨별 수준과 문제집을 파악해 개념문제와 오답을 확인하는 2단계에 시간 배분을 하는 훈련이 필요하다. 3단계 쎈수학으로 보면 c코스 유형처럼 생각하는 힘이 많이 필요하고 한 문제 푸는데 시간이 오래 걸리는 서술형의 경우 학기 중에 무리하는 것보다는 방학 중에 복습으로 진행하는 것을 적극 추천한다. 학기 중에 바로 배웠던 개념이라 문제 풀이에 부담이 없지만 이런 문항들의 경우 특히나 선생님의 설명이나 동영상 학습만으로는 한 번에 완벽히 숙지하기 어렵기 때문이다. 앞 단원에서 이야기했던 숫바오노(숫자바꿔오답노트) 등으로 반복다지기, 오답노트를 활용해 반드시 내 것으로 완벽하게 다지는 과정이 필요하다.

3) 계단식 문제풀이 – 성큼 뛰어넘지 마세요

: 나에게 맞는 유형을 파악하는 눈이 생겼다면 이제 효율적인 학습이 가능한 단계로 준비가 된 것이다. 1단계의 개념확인이 오답 없이 진행되었다면 2, 3단계의 다양한 유형과 서술형, 신유형 등에 접근해본다. 2단계에서 다양한 유형 학습이 선생님의 도움 없이 해결되었다면 오답만 체크해도 좋다.

하지만 나의 경우 2단계 대표 문제를 소화한 친구만 쌍둥이 문제로 유형 반복을 통해 확인한다. 대표 문제를 혼자 힘으로 풀지 못한다면 개념을 확인하거나 부족한 부분을 파악하는 작업이 필요하다. 개념인지는 되어 있으나 문제 유형을 이해하지 못하는 경우는 개념과 유형과의 관계 문제에서 개념이 어떻게 적용되는지를 한 번 더 설명해 숙지시키고 변형유형을 통해 적용력을 확인한다. 무난히 소화한다면 유사 문제로 확인 작업을 거치고 오답노트로 들어가도 괜찮다. 신경향 유형이나 창의 융합문제처럼 일단 아이들이 두려움을 갖는 문제들은 혼자 해결하는 것보다는 되도록 함께 문제를 읽고 해결방법을 문답형식으로 찾아본 뒤 문제풀이로 들어가는 것이 좋다. 어렵지 않은 개념 확인 혹은 스스로 해결 가능한 문제임을 인지하면 스스로 문제를 해결하는 과정에서 뿌듯함과 자신감이 상승하는 것을 느낄 수 있다.

4) 알 때까지 무한반복? - 난이도별 오답노트 만들기

: 학기 중에는 앞에서 이야기한 것처럼 1, 2단계와 서술형, 신유형 정도를 완벽히 소화하는데 집중하는 것이 좋다. 그 중에서도 선생님의 설명으로 고쳐진 오답이나 두 번 이상 오답이 나왔던 문제들은 반드시 오답노트에 모아두어 방학 중 한 번 더 완벽히 나의 것으로 만들어야 한다. 오답노트 만드는 방법은 기존 오답노트용으로 나와있는 노트를 사용해도 좋지만 두껍지 않고 여백을 남기는 방법을 적용하기에는 일반노트가 더 좋다. 오답노트로 나와 있는 경우 한 장에 두 문제 정도로 풀이과정을 길게 서술하도록 되어 있어 많은 양의 오답이 누적될 경우 권수가 늘어나는 등의 불편함이 있다. 그리고 공간이 넓고 줄이 없는 경우 단계별 서술보다는 계산과 식이 섞여 있어 다음에 다시 볼 때는 한눈에 보기 어렵다는 단점도 있다. 많이 알고 있는 것처럼 일반노트를 반 접고 왼쪽에 문제를 반드시 간단히 요약한다. 주관적

인 견해이긴 하지만 오답노트를 숙제로 내어주면 토시 하나 빠뜨리지 않고 문제를 똑같이 쓴 후 과정은 생략한 채 정답만 써오거나 과정도 설명을 기억해 써오는 경우가 많다. 오답노트는 받아쓰기 노트가 아니다. 요약하는 과정 속에서 문장 이해력을 높이기 위함이다.

나는 자세한 서술보다는 단계별 식으로 풀이과정을 서술하도록 한다. 그리고 연산 등의 계산은 이면지 등을 활용해 반드시 따로 하고 오답노트에는 식과 풀이 과정에서 필요한 개념 설명을 간단히, 그리고 답만 적을 수 있도록 한다. 처음에는 친구들이 무척 싫어하고 힘들어한다. 그럴 경우 오답노트 숙제는 칭찬 도장 두 배나 간식 쿠폰 등으로 동기부여를 한다. 오답노트를 작성한 것만으로도 훌륭하지만 반드시 일주일 단위로라도 확인을 해주어야 한다. 앞서 이야기한 숫바오노 등으로 확인하는 작업을 거쳐야 완전히 내 문제로 만들 수 있다.

5) 개념노트 만들기 – 낭송으로 확인한 개념을 노트로 정리해요
: 일단 난이도의 차이를 떠나서 교과서는 모두 탐독되어야 한다. 초등학교 때는 웅변가처럼 하는 낭독이 효과적이다. 하버드대학교 연구에 의하면 꿈을 머리로 생각만 한 친구와 글로 쓴 친구, 시각화 한 친구, 시각화 자료를 보면서 낭독한 친구 중 가장

마지막 친구가 꿈에 가까운 실현 가능성을 보였다고 한다. 그만큼 눈으로만 보는 것보다 직접 이야기하는 작업이 각인 효과가 크다는 것을 알 수 있다. 한 단원이 시작할 무렵 수학 교과서를 낭독해 호기심을 불러일으킨 후 본 수업에 임하면 뇌 자체가 활성화되어 훨씬 집중력 있게 수업에 임할 수 있다. 단원평가가 끝났더라도 다음 단원 시작 전 낭독으로 마무리 후 엄마나 친구에게 개념 설명을 한 번 더 하도록 하면 금상첨화이다. 마인드맵으로 개념 사이의 관계 등을 정리할 수 있다면 더욱 좋다.

아이들도 부모들도 오답노트의 중요성은 알고 있지만 개념 노트의 중요성은 간과하는 경우가 많다. 수학의 모든 영역은 크고 작은 개념들이 뇌를 연결하는 시냅스처럼 연결고리를 갖고 있다. 얇은 실 목걸이를 풀어놓았다가 꼬여서 풀기 어려웠던 경험이 있을 것이다. 정리 없이 많은 양의 정보가 들어오면 실타래처럼 엉켜서 나중에는 자기 자리를 찾을 수 없고 돌이키기에는 너무 오랜 시간이 걸리거나 원상복구가 힘들 수도 있다. 단원이 끝날 때마다 정리해서 모아둔 개념 노트는 학년이 올라가고 장기 기억 되지 않은 지난 학년의 개념을 확인할 때 나만의 참고서로 활용할 수 있으니 반드시 시작해야 한다.

자연의 모든 결과는 다만 몇 가지 불변의 법칙이 수학적으로 전개된 결과이다. – 라플라스

학원에서 공부를 제대로 하는지
어떻게 확인해야 할까요?

학원과 아이 그리고 학부모가 삼각형 구도를 이룰 때 가장 이상적인 정폭도형을 이룬다. 정폭도형이란 일종의 둥근 삼각형이다. 정삼각형은 세 변의 길이가 같지만 뾰족한 각으로 인해 굴러갈 수 없는 도형이다. 19세기 독일의 공학자 프란츠 뢸로의 이름을 딴 뢸로 삼각형은 변이 직선이 아닌 곡선 형태로 되어 있다. 기타를 튕기는 피크처럼 안정적인 그립감을 지닌 뢸로 삼각형 모양이다.

자전거 바퀴가 원이 아닌 뢸로 삼각형이나 뢸로 오각형이라면 어떨까? 굴러가지 않을 것 같지만 천천히 안정적으로 잘 굴러간다고 한다. 원처럼 어느 방향으로 굴러갈지 모르거나 너무 빠른 속도로 제어가 불가능한 형태가 아니라 느리더라도 조금씩 안정적으로 굴러가는 것이다. 엄마, 아이, 선생님의 세 꼭짓점이 균형을 이룬다면 뢸로 삼각형 바퀴가 완성되며 조금씩 안정적으로 굴러가는 것이다. 느린 것 같지만 궁극적으로는 목적지까지 완주할 수 있는 뢸로 바퀴 학습이야말로 나의 오랜 경험으로 알게 된 가장 이상적인 구도인 것 같다.

맞벌이 가정이 늘어나면서 하교 후 학교의 돌봄교실이 아니면 학원순례를 해야 하는 아이들이 점점 늘고 있다. 저학년 때는 미술학원, 피아노학원, 태권도와 학교방과후 수업 등으로 아이의 선택보다는 부모님의 시간과 아이의 동선에 따라 시간표가 만들어진다. 그러다보니 정말 원해서 선택하는 학원보다는 해야만 할 것 같아서 또는 누구 엄마가 좋다고 하니 등 외적인 이유로 선택하게 된다.

우리 학원 또한 개인 브랜드인 특성상 홍보보다는 어머니들의 입소문으로 입회하는 친구들이 훨씬 많다. 그중에는 오픈 무렵 들어와서 초등학교 6년을 보내고 중학교에 올라가는 친구도 있고, 초등학교 5학년 때 만나서 중3 때까지 함께 공부하던 친구도 있다. 이번에 대학교에 입학한 친구는 고등학교를 다니며 다른 학원에서 수학을 공부했지만 선생님과 제자의 관계로 편하게 진로를 고민하며 상담을 하기도 했다. 이제는 성인이 되어 치킨과

콜라로 학원 후배들에게 멘토 역할도 하고, 아르바이트가 힘들고 학점이 망했다며 사는 이야기를 나누는 친구같은 제자가 되었다.

이렇게 오랜 시간 수학으로 소통할 수 있는 가장 큰 힘은 믿음과 사랑이었다. 옷깃만 스쳐도 인연이라는데 일주일에 한 번 혹은 세 번 이상 수학이란 연결의 끈으로 만나 웃으며 함께 공부하고 성장할 수 있는 인연에 감사했다. 그러나 모든 아이들에게 잠재된 가능성을 믿고 열린 마음으로 이끌어주려는 노력만으로는 부족하다는 것이 느껴질 때가 있다. 두 꼭짓점 만으로는 정폭도형을 완성할 수 없기 때문이다. 학원은 아이가 규칙적인 학습으로 부족한 부분을 보충하고 한 단계씩 성장해가는 보조 도구이다.

이상적인 정폭삼각형의 바퀴를 가진 학습 자전거의 운전자는 학생이지만 자전거를 원만히 굴러가도록 바퀴를 완성해주는 것은 부모님과 선생님의 역할이다. 학원에서보다 더 많은 시간을 보내는 가정에서 학습이 뒷받침 되어주지 않는다면 세 꼭짓점이 원만하게 고른 균형을 이루기 어렵기 때문이다. 학원에서의 숙제, 학교에서의 학습 태도 등 아이와 선생님이 고른 호흡을 유지할 수 있도록 관심과 도움을 주어야 한다.

나의 아이들이 초등학교를 다닐 때에는 매일 아침 등교 때 노래를 불러주었다.

"선생님을 볼 때는 레이저를 쑝쑝쑝, 친구들과 놀 때는 하하하 호호호 히히히 신나게 놀아요. 즐거운 0요일"

내가 직접 작사, 작곡한 노래라 음정도 박자도 엉망이었지만 한 번씩 웃으며 등교하는 나만의 비법이었다. 그 속에는 수업시간에는 선생님의 설명에 무조건 집중하라는 큰 메시지가 들어있다. 덕분에 아이 둘은 많은 사교육 없이 우수한 성적으로 초등학교를 졸업했다. 돌아보면 꾸준한 독서와 체험, 학교 수업에 집중한 것이 가장 큰 힘이 되었던 것 같다.

학원은 학교와는 또 다른 소규모 그룹이다. 주기적인 상담과 아이에 대해 세부적으로 궁금한 부분에 대한 선생님의 관찰 그리고 피드백을 받아볼 수 있는 아주 좋은 환경이다. 적절한 시기에 아이의 수준과 성향에 맞는 학원을 선택해 주는 것도 부모의 정보력일 수 있지만 학원 선택 보다 중요한 것은 그 이후 선생님에 대한 믿음과 선생님과의 소통이다.

특히 저학년의 경우 학교에서는 볼 수 없는 아이의 장단점을 소규모 그룹의 학원에서는 파악할 수 있기 때문에 선생님과의 소통과 피드백은 아이의 사회성과 수학적인 발전에도 도움이 많이 된다. 고학년으로 올라갈수록 사춘기로 부쩍 말수가 적어지거나 수학적 슬럼프가 오는 친구들이 많아진다. 초등수학 과정을 부모님이 몰라서 학원을 보내는 경우는 거의 없다. 부모님과 수학으로 소통하기란 나도 부모이지만 쉽지 않다.

대체로 아이와 감정적으로 다투지 않고 즐겁게 꾸준히 학습할 수 있는 환경조성의 방법으로 학원을 선택한다. 선택은 끝이 아니라 시작이다. 무조건 학원에 맡겨두기보다는 숙제를 확인하며 열심히 공부하고 있는 아이를 칭찬하고 지속적으로 관심을 가지며 선생님과 소통하는 어머니의 모습이 있어야 완전한 정폭삼각형의 바퀴를 완성할 수 있다.

만약 어떤 사람의 재치가 종잡을 수 없다면, 그 사람에게 수학을 가르쳐라.
– 프랜시스 베이컨

중학수학 어떻게 대비해야 할까요?

　　수포자가 가장 많이 나오는 연령대는 통계상 중학교 2학년이
다. 초등 과정의 결함이 없는 친구라 하더라도 초등학교 5, 6학년
2년에 걸쳐 100개 정도의 개념을 배우고 중학교 1~3학년 3년 동
안 200개 정도의 개념을 배운다. 그중 중학교 1학년 때 130개 정
도를 배우고 2~3학년 때 70개 정도의 개념을 배운다. 중학교 생
활은 수행평가 등 독립적으로 해야 하는 일들도 많고 다양하고
깊이 있는 과목들에 적응하는 시간도 필요하다. 입학하자마자 복
습의 과정 없이 수많은 개념을 속성으로 배우게 된다.

　　때문에 초등 수학을 더욱 탄탄히 다지고 가야 한다. 발달 단계
의 특성상 7세부터 12세는 학습의 시기, 13세 이후는 독립의 시
기다. 유아기와 초등학교 시기에는 부모님과 선생님의 역량이 아

이의 학습에 큰 영향을 준다. 중학생만 되어도 다져지지 않은 결함이나 잘못된 학습습관을 고치기 어렵다.

학습뿐 아니라 모든 새로운 도전과 배움에 제일 큰 원동력은 자신감이라고 생각한다. 시험을 하루 이틀 앞둔 아이들에게 하나라도 더 가르쳐 주려는 마음보다는 "지금부터는 마인드 훈련이다. 내가 공부한 모든 문제는 시험에 출제되며 실수 없이 나는 모든 문제를 완벽히 소화한다"라는 자신감을 주는 것이 중요하다. 아이들은 작은 성공이 반복되어 쌓인 해낼 수 있다는 자신감으로 큰 성공을 이룰 수 있다.

잠재력을 이끌어 내고 작은 성취의 경험을 쌓아 자신감을 완성하는 일은 학습의 뇌가 가장 발달하는 7세~12세 즉, 초등학교 시기이다. 단원평가를 조금 못 보더라도 과정을 칭찬해주고 멀리 보고 작은 걸음을 다질 수 있도록 격려와 응원받은 친구는 반드시 빛나는 미래의 별이 된다. 스티브 잡스의 졸업식 연설문으로 유명한 문구 "connecting the dots"는 현재와 미래는 연결되어 있으며 지금의 순간들이 모여 미래에 큰 별을 완성한다는 것을 강조한다.

초등 수학이 중학교 내용과 직결되는 5학년과 6학년이 수학적 역량도 드러나고 레벨도 분류되는 시기다. 4학년까지 개념과 연산이 튼튼히 준비되었다면 너무나 감사한 일이다. 만약 부족함이 느껴진다면 더 늦기 전에 결함을 채워야 한다. 탄탄히 다진 친구들도 중학교에 올라가면 개념을 잊어버리기도 하고 어려워진 용어와 바뀌는 유형에 당황하고 헤맬 수 있기 때문이다.

그렇다면 중학 수학을 위해 반드시 체크하고 다져야 하는 부분을 5단계로 알아보자.

1) 개념 keyword 잡기
: 중학 수학의 문을 여는 마스터 key
시중에 나와 있는 도서 중 중학 수학의 개념을 쉽고 재미있게 풀어둔 책들이 많다. 아이들의 교과서만 보아도 일반 문제집의 3배 정도로 두껍다. 교과서에서 상세하게 개념에 대한 풀이와 단계별 학습을 다루고 있지만 수업 시간 이외에는 스스로 보지 않는 책이 교과서이다. 아이들이 특별한 의미를 담은 고유한 이름들을 갖고 있듯 수학적 용어와 문제 속에는 많은 힌트와 개념이 들어있다. 중학교 1학년 수학만 보아도 개념과 연산만 잡아도 70% 이상은 완성되는 단원들이 거의 대부분이다. 초등 과정과의 연계를 파악하고 새로 나온 개념과 공식의 원리를 이해하는 과정은 문제풀이 이전에 반드시 선행되어야 할 아주 중요한 부분이다. 6학년 때부터 시간을 내어 조금씩 중학 수학에 관한 도서들을 읽으면 학기 중에 이해력의 폭을 한층 깊게 다질 수 있다.

2) 시간 도둑을 잡아라

: 연산력 키우기

5학년까지 혼자 공부해서 단원평가도 거의 100점을 놓치지 않던 은영이가 상담을 온 적이 있다. 동생이 놀이 수학을 배우러 왔다가 어머니가 레벨 테스트를 원했던 경우이다. 성실함이 겸비된 아이의 장점이자 단점은 우직함이었다. 모든 문제를 그저 열심히만 풀어왔기에 기술적인 부분이 부족했다. 연산력이란 빠르고 정확하게 정답을 찾아내는 능력 더하기, 문제를 파악하는 능력을 의미한다. 중학교 수학은 제한된 시간 내에 소화해야 하는 문제의 수와 양이 많다. 모든 문제를 정확히 시간 내에 소화할 수 있다면 좋겠지만 대부분의 아이들은 모르는 문제가 나오면 당황하며 한 문제를 해결하는데 많은 시간을 낭비하게 된다. 그렇다 보니 시간은 부족해지고 알고 있는 문제들도 제대로 실력 발휘를 못하게 된다. 빠르고 정확히 풀어내는 능력도 중요하지만 문제에서 원하는 것을 파악하고 시간을 분배하는 능력까지가 연산력에 포함된다. 은영이의 경우 분수의 곱셈식에서 크기를 비교하는 문제도 모든 보기를 전부 풀어서 답을 구한 후 다시 비교하는 과정을 거치니 두 배 이상의 시간이 걸렸다. 때문에 어떻게 풀어야겠다는 단계별 접근 후 빠르고 정확히 답을 구하는 능력이 습관으로 잡힐 수 있도록 이끌어줄 필요가 있다.

3) 네비게이션 장착하기
: 너의 목적지는 어디니?

학원을 보내고 나면 사실 "숙제했니?" 정도의 확인 이상으로 아이를 봐주기란 어렵다. 중학생이 되면 학교공부 따라가기 어렵다는 이야기를 하는 친구들이 많아진다. 대체로 초등학교 5, 6학년 때까지만 해도 왜 해야 하는지 몰라서 또는 사춘기를 겪느라 억지로 공부하던 친구들도 중학생이 되고 나면 한층 철이 들어서 열심히 하려고 한다. 그러나 이때 수학이 어렵다고 느껴지면 잠시 솟구쳤던 의욕도 사라진다. 최대한 즐겁게 공부할 수 있는 환경과 작은 미션들로 성취감을 느끼는 과정을 통해 더 늦기 전에 수학에 재미를 경험할 수 있도록 해야 한다. 초등학교 때는 단원평가 정도의 시험이 전부이지만 중학교에 올라가면 중간고사와 기말고사로 전체 성적이 등수로 나타나게 된다. 열심히 했지만 성적이 원하는 만큼 나오지 않아 좌절하는 친구들도 볼 수 있다. 어쩌면 태어나 처음 겪어보는 실패일지도 모른다. 모든 아이들이 노력만큼의 결과가 나온다면 좋겠지만 그렇지 않은 경우 아이들은 더욱 수학과 멀어진다. 이때가 중요하다. 기대보다 낮은 성적의 원인을 파악하고 다시 일어날 수 있는 힘과 방향을 제시해주어야 한다.

6장 수학에게 질문하고 수학에서 답 구하기

4) "특성화고가 뭐예요?"

: 미리 고등학생 되어보기

중학교 때 꿈과 목표가 정해지기는 쉽지 않지만 공부의 중요성과 수학의 필요성을 이야기해주면 초등학교 때보다 훨씬 진지한 자세로 경청하고 수업에 임하는 태도가 달라지는 것을 느낄 수 있다. 예전에는 공부 못하는 친구들이나 입학하는 고등학교라 여겨지던 상업고등학교가 특성화고, 마에스터고라는 이름으로 바뀌었다. 본인이 원하는 분야를 좀 더 일찍 결정하고 선취업 후진학을 할 수도 있고 또는 내신만으로 대학을 갈 수 있는 다양한 방법이 준비되어 있다. 도제학교 등 많은 정부 지원으로 기회의 폭이 훨씬 넓게 잘 준비가 되어 있지만 아직도 많은 부모님들은 공부 못하는 아이가 취업을 위한 기술만을 익히기 위해 가는 학교라는 선입견을 갖고 있다. 유망한 특성화고는 상위 10% 성적을 가진 중학생만 입학할 수 있을 만큼 높은 문턱을 갖고 있다. 특성화고 진로 강의를 들어가 보면 훨씬 더 밝고 신나게 자신의 길을 찾아 고민하고 노력하는 많은 아이들을 볼 수 있다. 준비없이 인문계 고등학교에 입학해서 발등에 불 떨어진 듯 공부하며 힘들어하는 많은 친구들을 보았다. 중2~3학년이 고등학교 과정보다 중요하다고 귀에 못이 박히도록 강조하며 동기부여를 해보지만 아직 긴장감을 느끼지 못하는 경우가 많다. 부모님도 마찬가지이다. 초등학교 때 관심과 열정이 높던 부모님도 중학생이 되면 손을 놓는 경우를 많이 보았다. 일단은 머리 큰 아이들이 말을 안 듣기 때문이다. 그러나 모든 아이들의 마음 한구석에는 잘하고 싶은 생각이 자리잡고 있다. 단순히 지금 이 순간 놀고 싶고 게임하고 싶은 그 욕구를 잘 조절할 수 있도록 이끌어주며 등대 같은 역할을 해주어야 한다.

그저 대학이란 목표만을 갖고 인문계에서 3년을 공부하다가 성적에 맞춰 대학과 학과를 선택해서 입학한 후 방황하는 친구들을 많이 봤다. 미리 그려보는 나의 미래와 목표설정은 수학뿐 아니라 공부를 조금 더 즐겁게 하며, 나의 꿈을 향해 달려가는 징검다리 만들기로 여길 수 있을 것이다.

5) ㅅㄱ을 잡아라
: 시간, 습관, 성공잡기

ㅅㄱ은 내가 강의할 때 빠뜨리지 않는 주제이다. 그 날의 주제가 수학이든 진로이든 "습관만 잘 잡으면 성공으로 가는 길은 시간 문제다"라는 한 문장으로 표현하기도 한다. 어머니들이 보는 아이들은 모두 잘하고 싶고 해보려는 마음가짐을 갖고 있다. 물론 게임하고, 놀고 싶은 마음이 많은 것도 사실이다. 그러나 마

음 깊은 한구석에는 해야 하는 일인 것도 알고 기왕 하는 것 잘해 보고 싶다는 마음도 있다. 문제는 습관이다. 오늘 하루를 그냥 흘려보내는 습관, 내일 하지 뭐 하고 미루는 습관, 숙제를 안해오는 친구는 매일 다른 이유들을 만들어낸다. 숙제를 다 한 친구에게도 있을 법한 이유들이다. 목적지가 정해졌다면 예외 없이 실행하는 능력이 필요하다. 때론 엄격히 이끌어야 한다.

누구보다 성실한 가윤이는 이사를 온 후 5학년 때부터 나와 함께 공부를 했다. 그 당시에는 문제이해나 연산결함 등 준비되지 않은 부분이 많았지만 정말 성실하게 따라오면서 중1 첫 중간고사에서 97점을 받았다. 스스로 맛본 노력의 결과에 이제는 자신의 한계를 넘어서 늘 그 이상을 보여주며 성장하고 있다. 좋은 습관이란 나의 발아래 세계를 탄탄히 만들어주기도 하지만 내 머리 위에 세상을 올려줄 수도 있다고 한다. 세상이란 무게의 짐을 지고 살아갈지, 세상을 군림하며 살아갈지, 그 모든 선택은 오늘의 습관에 달려있다.

'명백한'은 수학에서 가장 위험한 단어이다. – 에릭 템플 벨

열심히 하는데 왜 성적이 안 오를까요?

아이들을 가르치다보면 정말 열심히 하는데 성적이 잘 오르지 않는 친구들이 있다. 불성실한 것도 아닌데 결과가 좋지 않으니 학원 선생님 입장에서는 부모님께 죄송하기도 하고 무엇보다 아이에 대한 안타까움으로 속상할 때가 많다.

아이들이 학원을 다닌다고 해서 모두 100점을 받는 것은 아니다. 아이에 따라서 빠르게 결과가 나타나는 친구도 있지만, 하고 싶은 마음으로 돌아설 때까지 적응하는 시간이 필요한 친구들도 있다. 그러나 20년의 경험으로 보면 모든 아이들은 잘할 수 있고 잘하고 싶은 마음을 갖고 있다.

초등학교 저학년의 경우 이런 당위성을 갖고 학원에 다니기는 어렵다. 최대한 아이가 좋아하고 즐거워할 수 있는 환경을 선택해 주어야 한다. 주로 예체능 학원을 많이 다니는 저학년의 어머니들이 상담을 오면 나는 교과 수학보다는 보드게임으로 진행되는 놀이 수학을 권한다. 수학이 더 심화되기 전 수학의 즐거움을 심어줄 수 있기 때문이다.

1, 2학년 때는 처음 접하는 많은 것들에 편안하게 적응하는 것이 제일 중요하다. 특히 수학의 경우 새롭게 접하는 문제 유형들에 익숙해지는 시간이 필요하다. 문제를 스스로 읽고 원하는 답이 무엇인지 정확히 파악하는 연습이 중요하다. 이해가 잘 안 되는 경우 상황이 허락한다면 낭독을 해보는 것도 아주 좋은 방법이다. 짧은 두 세줄 문장의 문제를 마침표까지 소리내어 읽으며 중요한 힌트에 동그라미 표시를, 연산으로 해결해야 하는 부분에는 물결표시를 하는 연습을 한다. 첫 단추가 잘 끼워져야 한다는 말처럼 스스로 문제 해결하는 힘을 키우면 고학년에 올라가 긴 호흡의 서술형 문제를 나눠 읽을 수 있는 토대가 된다.

고학년은 사춘기가 오는 시기이기도 해서 더욱 예민하다. 잔뜩 뽀루퉁한 표정으로 오거나 어떤 날은 한없이 해맑은 미소로 오는 등 날씨보다 예상하기 어려운 것이 요즘 5, 6학년들이다. 그럴 때는 무조건 맞춰주어야 한다.

초등학교 1학년 때부터 놀이 수학으로 나와 함께 공부해온 친구가 벌써 5학년이 되었다. 부모님도 자유분방하게 아이의 생각과 결정을 믿어주는 편이라 저학년 때는 놀이 수학만 진행하다가 3학년부터 교과 수학을 병행했다. 초반에는 보드게임 수업은 재미있는데 교과 문제집을 푸는 데는 적응하지 못하고 힘들어했다. 3년간 쌓아온 생각 주머니도 크고 무엇보다 아직 어떤 나쁜 습관도 잡히지 않은 하얀 스케치북 같은 상태였기에 무엇보다 아이와의 상담에 많은 시간을 쏟았다. 다행히 오랜 시간 나와의 유대관계가 좋았던 친구여서 힘들고 귀찮아도 해야 하는 부분들에 수긍하고 공부하기 시작했다. 울기도 하고 쉽지 않은 여정이었지만 지금은 그 누구보다 효율적으로 공부하며 좋은 성적을 받고 있다.

열심히 하고 있다면 믿고 응원하며 지켜봐 줘야 한다. "자세히 보아야 예쁘다. 너도 그렇다"라는 나태주 님의 시 구절처럼 아이들의 행동과 의도를 순수한 마음으로 바라보자. 김연아 선수가 온 국민의 응원 속에 올림픽에서 메달을 따기까지 수많은 연습의 시간이 있었을 것이다. 열심히 노력하고 있는 아이들의 경우 결과에 그 누구보다 예민하다. 단원평가 성적이 잘 나와서 자랑하고 싶어 학원에 막 뛰어오는 아이, 속상해서 결국 눈물을 보이는 아이, 실수로 틀린 게 머쓱해서 머리를 긁적이며 웃는 아이. 이 모든 아이들은 열심히 노력하고 있다. 그 누구보다 그 과정을 알고 있는 나는 때로는 안타깝고 엄마보다 기쁘기도 했다가 다음 라운드를 준비하기 위해 아이들을 다독인다.

당장 눈에 보이는 결과보다는 과정을 중요하게 봐주어야 한다. 스파르타 형으로 억지로 힘겹게 공부해서 나온 100점이 언제까지 유지될까? 즐겁게 본인 의지로 노력한 결과라면 현재의 점수는 충분히 박수받아 마땅하다. 그리고 다음 계단을 올라가면 된다. 그렇게 스스로의 힘으로 꾸준히 오르다 보면 정상은 반드시 정복하게 된다. 문제는 누군가가 이끌어주거나 밀어주어 올라간 계단은 누군가가 없거나 본인 의지가 강해지면 멈추게 된다. 그저 열심히가 아니라 어떻게 열심히가 훨씬 중요하다. 즐겁게 동기부여가 되어 열심히 하는 경우라면 무조건 믿고 지켜보자. 정상이 멀지 않았다.

수학은 새로운 감각과 같은 무언가를 부여하는 것 같다. – 찰스다윈

경시대회 봐야 해요?

"선생님, 보미가 학원 다닌지 좀 된 것 같은데 경시대회를 한 번 봐 볼까요? 실력이 얼마나 되는지 확인해 보고 싶은데 단원평 가로는 검증이 안 되네요"

20대 초 학원 강사를 하면서 처음 이 일이 후회됐던 적이 있 었는데, 바로 경시대회다. 내가 있었던 작은 보습학원부터 대형 학원 특히 수학전문 학원에서는 경시 수상 이력으로 만든 플랜카 드를 마케팅의 최정점으로 활용했다.

학원 강사 초창기에는 아무런 힘이 없었기에 시키는 대로 그 많은 경시 문제집을 기계적으로 복사하고 풀리고, 채점하는 것 을 반복했다. 문제를 만들고 풀어내는 기계가 된 것 같았다. 그 과정을 아이들 역시 힘들게 또는 아무런 생각없이 기계적으로 반복했다.

조금 경력을 쌓고는 경시를 준비해야 하는 학원에서는 일하지 않았다. 경시 준비가 아니더라도 아이들의 실력이 입증되는 학원. 그러나 그런 학원은 많지 않았다. 훗날 경시 따위를 보지 않아도 실력이 입증되는 학원을 차려야겠다는 결심을 한 이유가 되기도 했다.

그러나 나는 학원을 오픈하고 3년 후 첫 경시에 도전했다. 그것도 어렵기로 유명한 성대경시와 교대경시 그리고 보편적으로 많은 친구들이 경험하는 해법경시와 두산동아 학습지 브랜드에서 주관하는 경시대회를 한 해에 모두 봤다. 호기롭게 시작해 얼마나 많은 유형을 얼르고 달래며 공부했었는지, 그렇게 열심히 시험준비를 했던 적이 있었나 싶을 만큼 열심히 했다. 지금 생각해보면 그 또한 나의 욕심이었다. 실력이 아직 안 되는 친구에게도 문제를 푸는 과정이 실력이 될 수 있도록 한 문제로 30분씩 연구하기도 하고, 하기 싫다는 아이를 달래기 위해 치킨에 떡볶이를 사 먹이며 한 학기 동안 정말 공을 들였다.

그러나 결과는 참담했다. 학습지 브랜드 경시에서는 장려상을 포함 상위 1%인 친구도 한 명 나올 만큼 전원 수상했지만 문제는 대학교 주최 경시였다. 수학 좀 한다는 아이들이 본다는 경시였기에 동작교육청 수과학 영재로 3, 4학년을 공부한 하은이를 대표로 보냈다. 그러나 순위권에 들지도 못한 것은 물론이고 전혀 처음 보는 유형이 대부분이었다. 아이들에게 경시대회는 내가 얼마나 많은 유형을 알고 있는지 확인하는 과정이며, 결과에는 집착하지 말자고 이야기는 했지만 아이들은 무엇을 위해 경시를 본 것일까? 비싼 전형료는 거품일까? 그 이후로 경시대회는 가벼운 수준 중심으로 아이들의 기를 살려주기 위한 목적으로만 참가했다.

학교나 교실 이외의 친구들과 경쟁하고 본인의 상태를 가늠해보는 과정은 중요하고 필요하다. 그러나 과열된 경쟁으로 본연의 의도가 상실된 또는 본인의 실력과 맞지 않는 경시대회는 수학을 어렵고 힘든 것이라는 고정관념을 심어주며 수학과 점점 멀어지게 만드는 지름길이 될 것이다.

이제 막 학원에서 함께 공부하기 시작한 친구들이 당장 다음 달부터 단원평가 100점을 맞기는 어렵다. 그러나 결함을 채우고 즐겁게 준비하면 반드시 임계점을 넘어서 어느 궤도에 오르는 시점이 온다. 임계점이란 물의 끓는점이나 어는점이다. 물이 끓거나 얼려면 일정 시간 동안 가열하거나 냉동하는 시간이 필요하다. 임계점이 코앞인데 그동안 나오지 않은 단원평가의 점수로 학원을 그만두는 친구들이 꽤 많다. 그간 쌓아온 시간이 너무 아깝지만 이미 돌아선 어머니의 마음은 잡기가 어렵다.

그래서 나는 학원을 그만둔다는 친구 중 몇몇을 제외하곤 거의 잡지 않았다. 준비가 잘 된 친구라면 어디 가도 잘할 것이고 아직 부족해 새로운 곳에 가면 또 적응시간이 필요함을 알고 있는 친구라 해도 어머니의 주관적 판단과 결정은 쉽사리 바뀌지 않는다는 것을 알기 때문이다. 어쩌면 이 책을 준비하고 싶었던 이유 중 하나이기도 하다. 부모님들께서 진정성을 제대로 알고 비교, 판단, 선택하기 위해 제일 먼저 고려할 부분이 새로운 학원이 아니라 내 아이라는 것을 기억해야 한다. 경시대회 역시 나의 아이를 위해 필요한 과정인지, 아이의 현재 수준에 맞는 도전과제인지 파악하는 것이 먼저 되어야 한다.

수학에 대한 근본적 연구에는 끝이 없고, 반대로 최초의 시작점 또한 없다.
- 펠릭스 클라인

가베 꼭 해야 할까요?

"선생님, 학교에 들어가서도 손으로 수를 세는데 어떻게 해야할까요?"라고 묻는 1학년 소담이 어머니에게 나는 "괜찮습니다. 그냥 두세요"라고 대답했다. 아이들이 손가락을 사용해 수세기를한다는 것은 아직 이미지화 작업이 덜 되었다는 뜻이다. 구체물을 통해 조작활동을 반복하다 보면 자연스레 손은 사용하지 않을것이기에 아이가 부끄러워하지 않는다면 편안해질 때까지 기다리시라고 했다.

어머니의 마음이 조급해져서 학습지를 급하게 시키면 오히려아이는 수에 대한 부담감과 거부감을 느끼게 된다. 오히려 재미와 흥미를 느낄 수 있는 주사위나 퍼즐연산 등 구체물을 활용해호기심과 의욕을 이끌어주는 것이 좋다.

가베는 아이들이 처음 만나는 구체물로 된 수학 교구이다. 요즘은 자석 가베부터 해외에서 수입된 점, 선, 면으로 구성된 너무나 다양하고 훌륭한 교구들이 많다. 가베는 1가베부터 10가베까지 입체도형부터 평면도형으로 그리고 선과 점으로 작아지는 개념의 도형들로 구성되어 있다. 준1가베, 준2가베로 실꼬기나 꼬치구이 만들기 등의 확장작업을 할 수도 있다. 오르다의 자석 가베는 도너츠 모양 원뿔을 잘라서 만든 원뿔대 등 중학교 때 나오는 부분까지 공부할 수 있도록 다양한 입체도형으로 구성되어 있어 제대로 활용한다면 정말 유익한 교구이다.

그럼 가베 수업은 어느 연령에 적당하며 어떤 수학적인 효과를 기대할 수 있을까? 일단 가베를 배울 수 있는 연령에는 제한이 없다. 보드게임의 적정 연령이 대체로 8세~99세로 사실 연령 제한이 없는 것과 같다. 유아 연령 아이들에게는 손으로 조작하는 활동이 뇌에 자극을 주어 두뇌개발에도 도움이 된다. 0~3세는 엄마가 세상의 전부인 애착의 시기다. 기어다니는 것에 재미를 느낄 무렵부터 1가베의 공이 굴러가는 것을 따라 눈의 협응력과 기어가서 잡아오는 신체활동 능력을 놀이로 접근하면 좋다.

3~6세는 인성이 완성되는 시기로 호기심이 왕성해 보고 듣고 말하고 느끼며 받아들이는 정보의 양이 어마어마하다. 이때 놀이

터나 동물에서 본 사물 등을 직접 조작해서 만들어보고 창의적으로 재구성하는 활동은 뇌의 시냅스 연결구조를 탄탄히 하고 구체물을 이미지화하는 가장 빠르고 즐거우며 확실한 방법이다.

7~12세인 학습의 시기에는 본격적으로 도형이라는 배움의 단계에 돌입한다. 저학년의 경우 1학년 때 둥근기둥모양, 상자모양 등 도형을 이루는 구성과 같은 점, 다른 점 등을 쉽고 재미있게 배우면 고학년 때 입체도형의 전개도를 배울 때까지도 잊지 않는다. 즐거운 것은 오래 기억하기 마련이다. 노래로 외우는 한국사처럼 정육면체의 구성과 개념을 즐거운 노래로 배우면 고학년 때까지 장기 기억소에 저장되어 있어 겉넓이와 부피 등을 배울 때까지도 선명히 기억했다 꺼내 쓸 수 있다.

이런 과정없이 고학년을 맞이한 친구들은 정육면체의 11개 전개도를 단순히 문제를 풀기 위해 외우려고 하기 때문에 어려운 것이다. 전개도는 이름 자체가 펼칠 '개' 그림 '도'를 써서 그림을 펼치는 것이다. 때문에 처음 주사위 모양의 정육면체를 만났을 때 직접 과자 상자 등을 통해 입체도형의 옷을 벗기고 꾸미는 작업을 해보면 훨씬 쉽게 기억할 수 있다. 직육면체는 주변에서 쉽게 찾아볼 수 있는 입체도형이다. 휴지 상자, 초코파이 상자 등을 직접 분해하고 같은 면의 수를 비교하면서 안쪽에 그림을 그리거나 색깔을 칠하며 마주 보는 면^(평행)을 알게 된다.

이렇게 배운 친구들에게 입체도형의 넓이와 부피 등은 단지 연산이 복잡해 귀찮을 뿐 결코 어려운 문제가 아닌 재미있는 도형으로 자리잡게 된다. 그럼 가베수업을 전혀 받아본 적 없이 중학교를 입학한 친구들은 어떻게 해야 할까? 문제집으로 유형학습을 반복하며 억지로 암기하기보다 동영상 학습 등으로 개념을 먼저 다지고 문제를 파악하는 눈을 키운 뒤 접근하는 것이 좋다. 가능하다면 직접 전개도를 만들어보고 비교 판단할 수 있는 실물 조작 수업을 진행하면 도움이 된다. 유아기나 저학년처럼 창의성이 번뜩이는 작품을 만들어내기엔 이미 머리가 학습으로 너무 고착화되어 있을 나이다. 그래도 구체물은 좋아한다. 부연설명 없이도 도형을 이리저리 굴리고 펼치고 재구성하면서 구체적인 조작 활동이 머릿속에 이미지화되어 저장기억으로 돌아가기 때문이다.

중학교에 올라가 도형파트가 본격적으로 시작되는 학년은 중학교 1학년 2학기다. 평면과 입체도형에 대한 비교 평면과 입체의 구성차이 등을 점선면과 위치 관계로 설명한다. 더불어 각뿔과 각뿔의 뾰족한 부분이 잘려나간 각뿔대를 배운다. 평면과 입체도형의 종류와 겉넓이, 부피에 대한 개념유형이 마스터되었다는 전제 하에 각뿔대와 다양한 대각선 구하기 등을 배우게 된다. 이때는 5~6학년 때 배우는 입체도형 또한 겉넓이와 둘레, 부피 등의 기본이 준비되어 있어야 한다. 또한 결함을 파악하고 채우며 다양한 도형의 활용유형까지 차곡차곡 익히고 쌓아가야 한다. 이 기반으로 고등과정에서 배우는 8가지 기하영역을 살펴보면 전혀 새로운 개념이 아니라 중등과정의 심화로 연계되는 것을 짐작할 수 있다.

고등학교에서 배우게 되는 기하파트 8단원

1. 기하학의 기초　2. 합동과 평행　3. 다각형의 넓이와 상사형

4. 원　　　　　　5. 증명법　　　6. 궤적과 작도

7. 수식에 의한 도형의 연구　　　8. 공간도형

단순히 공식만으로 해결되지 않는 문제들에 당황하지 말고 초등과정 중 잊었던 개념 등을 확인하고, 새로 나온 개념들과 함께 반복다지기를 통해 확실히 내 것으로 만드는 과정에 총력을 기울여야 한다. 수포자는 한순간에 만들어지지만 수애자의 길은 결코 쉽지 않다. 그러나 수학은 앞으로 펼쳐질 수많은 기회의 문에 모두 포함되는 중요한 과목이다. 귀찮고 힘들어도 어떻게든 하루하루의 약속과 운동량을 포기하지 않아야 멋진 초콜릿 복근의 몸이 만들어지듯 수학도 정직하고 우직한 과목이다. 하루씩 꾸준히 내

몸에 습관으로 자리잡을 때까지만 예외를 인정하지 말고 정진해
야 한다.

수학의 5대 영역 중 중요하지 않은 요소가 없지만 도형 만큼
은 일상생활 속에서 수와 연산 못지않게 많은 부분을 차지하는
단원이다. 도형으로 인해 편리해진 세상 속 숨겨진 수학을 찾아
가고 탐구하는 재미를 더 많은 친구들이 알아갔으면 좋겠다.

수학은 인간을 이해하는 하나의 예술이다. - 윌리엄 서스턴

퍼즐 언제부터 해야 해요?

요즘에는 돌 이전의 아이들을 위한 소근육 발달용 퍼즐부터 앞에서 이야기한 스도쿠나 마방진 같은 수 퍼즐, 펜토미노나 하트퍼즐같은 도형퍼즐 등 다양한 종류의 퍼즐교구가 나와있다.

집중력에 좋다는 말에 많은 어머니들이 선호하는 퍼즐 수업을 의외로 어려워하는 아이들이 많다. 연령과 단계에 맞추어 적절한 퍼즐을 제공해주면 몰입하는 즐거움 속에 끈기와 문제 해결력, 성취감을 느낄 수 있을 뿐만 아니라 실물교구를 통해 교과의 내용을 공부하기에도 더없이 좋은 교구이다.

개인적으로는 성인용 퍼즐교재를 사서 풀 정도로 퍼즐을 좋아해서 다양한 퍼즐 교구재를 접하게 해주려 한다. 퍼즐하면 보통

6, 7세경 캐릭터 그림으로 퍼즐판을 완성하는 조각퍼즐을 생각하는데 그 외에도 쉽게 접할 수 있으면서 교육 효과가 좋은 퍼즐 몇 가지를 소개하려 한다.

소마큐브

미술관에 가면 작가의 작품으로 만들어진 큐브나 퍼즐을 꼭 사는 편이다. 기본 주사위 모양의 큐브는 2×2 형태부터 나와 있어 4, 5세 친구들이 맞추기에도 부담이 없으나 3×3 큐브부터는 초등 저학년 친구들도 쉽게 해결하지 못하는 경우도 있다. 이 중 많이들 알고 있는 소마큐브는 3×3×3 정육면체를 7조각으로 나눠 놓은 입체퍼즐이다. 큐브를 구성하기 위해 필요한 정사각형 개수와 소마큐브 조각을 비교하는 시간부터 시작해서 세계의 건축물을 알아보고 창의작품으로 완성해내는 수업은 연령불문 모든 아이들이 좋아한다. 쌓기나무는 초등교과 2학년부터 6학년까지 확장되며 교과로도 연결되기 때문에 유아기부터 교구로 접하는 기회를 제공할 것을 추천한다.

하노이탑

보통 영유아 교구로 접하는 하노이탑은 한 번에 하나의 원만 옮길 수 있고 큰 원 위에 작은 원이 올라갈 수 없다는 간단한 규칙을 가지고 있지만 많은 알고리즘을 가지고 있어 생각보다 만만치 않은 퍼즐이다. 타이머를 작동하고 6, 7세 친구들과 게임을 시작하면 시간 가는 줄 모르고 집중하다가 포기하는 경우가 많다. 제법 어려운 퍼즐로 탑을 쌓기 위해서는 전략적인 기술이 필요함을 스스로 인지하기까지 시행착오와 시간이 걸리지만 한번 몰입하게 되면 승부를 보고 싶어지는 매력적인 교구이다.

칠교

정사각형을 직각이등변 삼각형 5개와 정사각형, 평행사변형의 7조각으로 나눈 퍼즐로 초등 2학년 교과에서 사각형과 삼각형을 처음 배울 때 나오는 퍼즐이다. 단순하게 도형을 분할하고 변별하여 그림자 모형을 맞추는 것도 쉽지는 않다. 그러나 구성요소의 크기를 비교하여 면적을 구해볼 수도 있고 면적에 따른 가격을 정하여 시장놀이를 하며 세 자릿수 등을 익힐 수도 있고 초등 4학년에 나오는 다각형과 합동과 대칭의 개념까지도 익힐 수 있는 확장학습이 무한한 퍼즐이다. 2학년 때 분수로까지 개념 심화 학습을 해놓으면 고학년까지 도움이 된다.

이 외에도 하트퍼즐, 티퍼즐, 펜토미노 뿐만 아니라 입체도형을 접할 수 있는 다양한 보드게임으로도 퍼즐을 접할 수 있다. 아이들에게 호기심과 흥미를 이끌어주면서 두뇌개발과 수학적인 효과까지 얻을 수 있는 퍼즐을 강력 추천한다.

다른 모든 것과 마찬가지로 수학적 이론에서도 아름다움을 느낄 수 있지만 설명할 수는 없다. – 아서 케일리

내 아이만큼은
수포자가 아니었으면

7장

세상의 모든 수학으로
세수하자

세수하자1
파이는 무한도전 중

3.1415926535897932384626433…이란 무한도전 중인 수가 있다. 원주율로 알고 있는 파이다. 원의 크기에 상관없이 원의 둘레와 지름 사이에 갖고 있는 일정한 비율을 나타내는 수다. 초등학교 3학년 때 분수와 소수의 개념을 처음 배우고 6학년 때까지 다양한 소수와 자연수의 계산법을 배우고 나면 중학교 2학년 때 무한히 늘어나는 소수인 무한소수를 배우게 된다. 그 중에도 원주율을 나타내는 파이는 수학적으로 중요한 상수이다.

그렇다면 아이들과 수학클리닉 수업 시 가장 재미있어하는 수인 파이에 숨겨진 비밀스런 역사에 대해 이야기해 보겠다.

"무엇이 무엇이 똑같을까?" 닮음과 합동은 초등학교 5학년 때 처음 개념을 배우고 본격적인 기하 탐구는 중학교 1학년 2학기 때부터 깊이 있게 배우는 단원이다. 원은 크기와는 상관없이 언제나 닮은 도형의 대표주자이다. 그런 원을 탐구하기 시작한 것은 무려 4000년 전이다. 원주율로 널리 알려진 파이는 2000년경 이집트에서 3.14라는 수치를 처음으로 확인한 후 3세기 그리스의 아르키메데스가 22/7인 3.142로 나타내면서 아르키메데스의 수로도 널리 알려졌다. 5세기에 와서 중국 천문학자이자 수학자인 조충지가 355/113으로 3.141592까지 계산했고 18세기에 일본 수학자인 다케베 가타히로가 소수점 이하 41자리까지 확인했다.

20세기 이후 2002년에 1조까지 3.14이후의 수를 찾아냈다고 하니 끝나지 않는 파이의 무한변신이 언제까지 계속될지 궁금해진다. 소수점 아래로 순환되는 부분도 없이 무한히 계속되는 수, 그 매력적인 수를 기념하기 위해 아인슈타인의 생일이기도 한 3월14일을 파이데이로 정하고 초코파이를 나눠 먹기도 하고, 355/113을 빠르게 계산하기 게임을 하기도 한다. 아르키메데스의 수인 22/7을 기억하는 7월 22일을 파이 근사값 또는 원주율의 날이라고 부르기도 한다.

세상 곳곳에 숨겨진 수의 신비로운 이야기들에 궁금증을 갖고 탐구해보는 일들은 단순히 다음 학년이나 학기를 준비하기 위한 단원의 공부 그 이상의 힘을 지니고 있다. 4차 산업과 코딩의 시대 우리 아이들은 무엇을 갖고 어떻게 세상과 소통하며 살아갈까? 그 과정에서 수학은 어떤 역할을 하고 어떤 힘을 발휘할까? 그렇게 우리 친구들이 세상 속 수학을 하나씩 찾아가는 재미를 느낄 수 있었으면 좋겠다.

나는 경이로운 방법으로 이 정리를 증명했지만, 책의 여백이 너무 좁아 여기에 옮기지는 않겠다. - 피에르 드 페르마

세수하자2

벌집이 육각형인 이유는?

"벌집이 육각형인 이유는?", "참치캔은 왜 원기둥 모양일까?" "터널의 모양이 곡선인 이유는?", "한강다리의 교각은 어떤 모양일까?"

수과학 영재 선발 면접에 나왔던 질문이다. 요즘은 스팀(STEAM)형, 실생활형, 창의융합 문제가 많아지면서 일반 문제집에서도 단원의 끝부분에서 한두 문제씩 볼 수 있는 유형들이 되었다.

벌집이 육각형인 이유는 오각형과 육각형을 처음 배우는 초등학교 2학년 때 도형을 변별하기 위해 알려주면 좋다. 왜 삼각형도 사각형도 아닌 육각형일까?라는 질문에 대한 수학적인 답을 이끌어낼 수 있는 학년은 4학년이다. 삼각형과 사각형 내각의 크기를 알고 정다면체를 배우면서 오각형과 육각형 내각의 크기까지 확장이 된다. 360도를 구성하는 평면을 한 각이 105도인 5각형으로는 만들 수가 없다. 가장 튼튼한 기본 도형인 정삼각형 6개로 구성된 육각형 모양의 집을 만든 꿀벌들의 지혜를 들려주면 그 어떤 문제풀이보다 흥미를 갖는다. 더불어 참치캔이 원기둥 모양인 이유는? 이란 질문으로 초등학교 1학년 때 둥근기둥 모양에 대한 호기심을 불러일으키자. 본격적으로 원기둥의 부피와 겉넓이를 배우는 6학년 때 "왜 참치캔은 사각기둥 모양이 아닐까?"에 대한 답을 찾아본다. 원기둥이 같은 크기로 만들 수 있는 입체도형 중 가장 작은 사이즈로 만들 수 있고 공간을 구성하는 효율성도 제일 높기 때문이다. 겉넓이와 부피를 배우는 이유에 대해 호기심을 이끌어주기에도 아주 좋은 질문이다.

욕실의 타일이나 벽지, 옛날 전통문양의 조각보 등에서 많이 볼 수 있는 쪽매맞춤을 테셀레이션이라고 하는데, tessella라는 라틴어로 정사각형을 이어 붙여서 만든 모양에서 유래한 말이다. 우리 아이들이 어릴 때 도마뱀 모양 테셀레이션을 참 좋아하고 신기해했던 기억이 난다. 이렇게 친구들은 본인이 흥미로웠거나 신기하게 생각한 것들은 잊지 않고 오래 기억한다. 딸 아이가 3학년 때 테셀레이션을 배우면서 유치원 때 갖고 놀던 도마뱀 이야기를 해서 깜짝 놀랐던 적이 있다. 테셀레이션은 이처럼 기하학적인 도형을 반복적으로 틈이나 겹침 없이 배열해 만든 모양이다. 벌집도 육각형의 테셀레이션이라고 할 수 있다. 빈틈없이 공간을 채울 수 있는 도형은 정삼각형, 정사각형 그리고 정육각형의 세 종류이다. 가장 적은 재료로 가장 견고한 효율성을 만들 수 있는 정육각형이야말로 본능적으로 벌들이 찾아낸 자연의 경이로움이라고 할 수 있다.

그럼 참치캔이 원기둥 모양인 이유는 무엇일까? 방학 숙제로 둥근기둥 모양의 탐구보고서를 딸과 함께 준비한 적이 있다. 딸은 입체도형의 펼쳐진 모양인 전개도를 생각하면 원기둥의 형태가 가장 포장과 재단이 편하기 때문이라고 대답했다.

그렇다면 다른 인스턴트 햄도 모두 원기둥 형태여야 하지 않을까? 원기둥의 형태는 공간을 가장 적게 차지할 수 있다는 장점과 운반의 편리성을 갖고 있다. 그러나 옥수수와 참치처럼 액상의 내용물이 포함된 메뉴가 아니라면 사각기둥 모양을 유지했을 때 변질이나 형태변형을 막을 수 있다는 것과 함께 다양한 종류를 비교해볼 수 있다.

한강다리의 교각이나 터널의 상부도 둥근 모양을 하고 있다. 분산되는 힘으로 인해 압력에 버틸 수 있는 힘이 직선형보다 강하기 때문이다. 이처럼 주변에서 둥근 아치형 모양을 찾아보며 테셀레이션과 원기둥의 비밀 등을 토론하는 것은 저학년부터 고학년까지 모두에게 필요한 탐구심이다. 세상을 이루는 모든 것은 기하 즉, 도형의 형태를 지니고 있기 때문에 자세히 관찰하고 호기심을 갖고 알아보는 과정 속에서 모방을 넘어 창조와 삶을 더욱 윤택하게 할 혁신이 이끌어져 나오리라 믿는다.

어떤 위대한 발견도 용감한 추측 없이는 발견될 수 없다. - 뉴턴

세수하자3
귀뚜라미가 가을을 알려주는 소리도
수학이라고?

"귀뚜라미는 가난한 사람의 온도계이다"라는 미국 속담이 있다. '선선한 바람이 부는 가을이 되어 귀뚜라미가 울기 시작하면 곧 겨울이 올 것이다'라는 뜻이다. 소리 또한 온도에 따라 달라질 수 있다. 자연 속 수과학의 신비 중 하나라고 할 수 있다. 피타고라스의 정리로 알려진 유명한 수학자 피타고라스가 음계의 수학적 관계를 처음 발견했다는 이야기를 들려주면 많은 학생들은 깜짝 놀란다. 철학자 보에티우스의 기록에 의하면 피타고라스가 대장간 옆을 지나다가 망치의 무게에 따라 2:1과 3:2 그리고 4:3의 차이로 음정이 한 옥타브에서 5도, 4도로 차이가 나는 것을 발견했다고 한다. 실제 망치로 실험을 해보면 정확하게 구별되지 않지만 이를 근거로 기타의 프렛(현이 닿는 부분 아래 세로줄의 금속장치)이 구성되었고, 실제로 프렛에 닿는 비율에 따라 옥타브의 소리가 피타고라스의 주장과 흡사하게 난다고 하니 그저 신기할 뿐이다.

　수학은 음악뿐 아니라 일상생활 곳곳에 숨겨져 있다. 남다른 바이올린 연주 실력을 갖췄던 아인슈타인이나 피아노의 신공으로 불리던 하이델베르크 등 유명한 수학자들이 예술과 음악에도 남다른 재능을 보였다는 것을 알 수 있다. 요즘은 작곡을 해볼 수 있는 음표 카드로 구성된 보드게임도 나오고 수학의 패턴 구조 등을 이용해 반복적인 리듬의 음악을 만들어내는 작업도 어렵지 않게 볼 수 있다. 다분히 우뇌적인 감성의 음악과 좌뇌적인 수학이 조화를 이룰 수 있는 악기를 배우는 과정은 좌뇌와 우뇌를 동시에 쓸 수 있는 아주 훌륭한 학습법이라 할 수 있다.

　이 외에도 피아노의 검은 건반과 흰 건반의 구성을 보면 도 레 미 파 솔 라 시 도의 8음계로 이루어져 있다. 한 옥타브인 13개의 음은 하얀 건반 8개, 검은 건반 5개, 다시 하얀 건반이 3개와 5개, 검은 건반이 2개와 3개로 구분되어 있다. 이는 앞서 설명한 나뭇잎에서도 볼 수 있는 신기한 수 피보나치 수열이다. 스피커의 구성비 또한 황금비를 이루고 있고 바이올린의 몸체 역시 인체의 황금비와 맞게 구성되어 있다는 사실만 봐도 음악과 수학의 뗄 수 없는 연계성을 알 수 있다.

뇌의 진동 주파수에 따라 수면의 정도와 감정까지 알 수 있듯 음악 또한 주파수의 진동 세기에 따라 소리의 질과 양을 변화시킬 수 있다. 요즘 유행하는 젊은 청년 음악가들의 배틀 프로그램인 '슈퍼밴드'를 보면 기존 악기에 기계적인 음향을 추가해 훨씬 풍성하고 신선한 음색을 만들어낸다. 이 또한 프랑스의 수학자 프리에가 프리즘을 통해 무지개 광선이 나오는 원리처럼 진동주파수와 음계의 관계학을 만들어낸 것이 시초라고 하니 수학과 음악의 연계성은 알수록 놀랍다.

여권없이 홍채나 지문 등의 생체인식으로 여행이 가능하다는 것이 믿기지 않던 때가 있었다. 그러나 지금은 스마트폰 잠금장치에도 홍채나 지문 등의 생체인식이 도입되어 그리 놀랄 일도 아니다. 앞으로 발전하는 시대 속 수학과 음악의 변화가 어떻게 진행될지 궁금할 뿐이다.

모든 창조는 모방에서 시작된다. 시대가 발전할수록 기본을 중시하는 고전학습과 인문학이 대세로 떠오르는 이유이기도 하다. 이것은 육례라 하여 예(禮), 악(樂), 사(射), 어(御), 서(書), 수(數)를 선비의 교육과정으로 삼았던 동양고전의 학습법을 중요하게 여겨야 함을 다시 한번 생각하게 한다. 과거를 통해 배우고 현재에 충실히 적용하며 미래를 준비하고 창조하는 아이들이 수학을 단순히 문제를 풀어 좋은 성적을 내는 것이 아니라 그 이상의 즐겁고 창조적인 실생활 학문임을 느끼고 다가갈 수 있으면 좋겠다.

현재의 선택이 미래의 확률을 결정한다. - 블레즈 파스칼

세수하자4

바코드와 큐알코드 속 숨겨진 비밀은?

나는 학원 채점 시스템에 바코드를 도입했다. 아이들이 볼 때마다 신기해하며 묻는다. "선생님, 마트도 아닌데 왜 바코드 기계가 있어요?" 아이들에게 바코드는 마트에서 물건을 계산하기 위해서만 필요한 물건이었던 것이다. 그럼 바코드는 언제 쓰는 물건일까?

바코드(barcode)는 막대기(Bar)로 된 부호(code)란 의미로 흑백의 막대를 조합해 컴퓨터가 인식할 수 있도록 정보를 담아 만든 코드암호다. 그 안에 담아낼 수 있는 정보량의 차이에 따라 현재는 QR코드로까지 발전했다. 1988년부터 도입되어 사용되고 있고 현재는 2차원적으로 개발되어 다양한 분야에 적용되고 있다. 상품의 종류와 원산지 등 다양한 정보를 손쉽게 얻을 수 있는 편리성이 장점이지만 담을 수 있는 정보에 한계가 있다.

분류

데이터 / 코드 / 가드 바

왼쪽   ■ □ ■ (101)

가운데   □ ■ □ ■ □ (01010)

오른쪽   ■ □ ■ (101)

숫자(왼쪽)

0 □ □ □ ■ ■ □ ■ (0001101)

1 □ □ ■ ■ □ □ ■ (0011001)

2 □ □ ■ □ □ ■ ■ (0010011)

3 □ ■ ■ ■ ■ □ ■ (0111101)

4 □ ■ □ □ □ ■ ■ (0100011)

5 □ ■ ■ □ □ □ ■ (0110001)

6 □ ■ □ ■ ■ ■ ■ (0101111)

7 □ ■ ■ ■ □ ■ ■ (0111011)

8 □ ■ ■ □ ■ ■ ■ (0110111)

9 □ □ □ ■ □ ■ ■ (0001011)

숫자(오른쪽)

0 ■ ■ ■ □ □ ■ □ (1110010)

1 ■ ■ □ □ ■ ■ □ (1100110)

2 ■ ■ □ ■ ■ □ □ (1101100)

3 ■ □ □ □ □ ■ □ (1000010)

4 ■ □ ■ ■ ■ □ □ (1011100)

5 ■ □ □ ■ ■ ■ □ (1001110)

6 ■ □ ■ □ □ □ □ (1010000)

7 ■ □ □ □ ■ □ □ (1000100)

8 ■ □ □ ■ □ □ □ (1001000)

9 ■ ■ ■ □ ■ □ □ (1110100)

　

과자와 라면 등에서 쉽게 볼 수 있는 바코드는 위와 같이 이진법의 컴퓨터 수로 이뤄졌다. 팝콘이란 보드게임으로 이진법의 수를 배운 친구라면 조금 더 이해가 쉬울 것 같다. 보통 교과 수학에서 처음 수를 배우는 십진법이 0~9까지 열 개의 수를 이용해 한자리가 올라가면 10배씩 커지는데 비해 2진법은 0과 1이란 두 개의 수만으로 한 자리가 커질 때마다 2배씩 커지도록 수를 표현하는 방법이다. 예를 들어, $101^{(2)}=1 \times 2 \times 2 + 1 = 5$로 5라는 숫자를 이진법으로 나타내면 101이 된다. 반대로 이진법의 수를 십진법으로 나타낼 때는 몫이 0이 될 때까지 2로 나눠 나머지를 역순으로 써주면 된다. 컴퓨터의 경우 빠른 데이터 처리를 위해 기준을 두 가지로 한 이진법을 사용한다 라고 하면 친구들은 쉽게 이해한다. 365를 이진법의 수로 만들기 게임 등으로 코딩 수업을 시작하면 중등 수학클리닉 친구들은 간식 포상 때문에라도 그 어떤 시간보다 빠져든다. 이진법의 수는 초등학교 3학년 이상이라면 충분히 보드게임으로도 배울 수 있다. 오히려 학년이 어릴수록 흥미도가 높고 숫자라는 것이 우리의 약속에 따라 달라질 수 있음을 신기해한다. (365의 이진법 표기는 101101101이다)

Quick Response(빠른 응답)이란 의미의 QR코드에는 한 변이 2cm인 정사각형 안에 7089개의 숫자와 4296개의 문자뿐 아니라 사진과 동영상 등 인터넷 주소까지 담을 수 있다. 요즘은 수학 문제집에도 개념영상학습 QR코드가 나와 있다. 공부하려고 마음만 먹으면 시간과 장소의 구애없이 효율적으로 학습이 가능한 시대에 살고 있다. 흔히 접할 수 있는 바코드와 QR코드를 공부하며 에니그마라는 보드게임을 소개해주면 아이들의 흥미도는 최고조가 된다.

2차 세계대전 당시 독일 연합군의 암호를 폴란드가 해독하며 프랑스와 영국에 공유해 승리하게 된 다중치환 암호인 애니그마 이야기를 해보겠다. 수수께끼라는 뜻을 가진 애니그마는 암호 기계의 한 종류이다. 2차 세계대전 당시 독일군의 암호를 해독하기 위해 파견된 앨런튜링이란 영국의 수학자이자 컴퓨터 과학자의 이야기를 담은 '이미테이션 게임'이란 영화도 유명하다. 글자를 다른 글자로 치환하는 다중치환 암호방식을 사용한 것이지만 암호라는 매력적인 도구는 친구들 연령에 따라 충분히 수연산, 자음과 모음 등으로 단계를 조절해 응용이 가능하다.

나는 삐삐세대로 숫자로만 메시지를 전해야 하던 시절에 1010235(열렬히사모)라는 메시지에 심쿵했었다. 열려라 참깨 같은 주문처럼 내 아이의 수학적인 감성을 자극할 수 있는 사랑의 언어로 조금 더 즐겁고 신나는 수학의 세상에 열린 마음으로 다가갈 수 있으면 좋겠다.

 발명의 근원을 아는 것보다 더 중요한 것은 없다. 내 생각으로 그것은 발명 그 자체보다도 더 흥미롭다. – 라이프니츠

세수하자5

숫자놀이의 최고봉 = 마방진과 스도쿠

마방진과 스도쿠를 같은 것으로 아는 친구들이 종종 있다. 헷갈리는 이유는 둘 다 정사각형 안에 숫자를 채워 넣는 개념으로 하는 놀이이기 때문이다. 스도쿠의 어원과 마방진의 유래를 알려주면 아주 흥미롭게 구별할 수 있다.

스도쿠는 "숫자가 혼자 있다"라는 뜻을 가진 일본어로 數獨(수독 : 외로운 숫자)이라는 뜻의 한자어를 일본식으로 읽은 것이다. 3×3부터 9×9까지 정사각형을 확장하며 숫자가 겹치지 않도록 채워 넣는 게임이다. 같은 줄에는 1에서 9까지의 숫자가 겹치지 않도록 한 번씩만 넣고, 3×3칸의 작은 격자 또한 1에서 9까지의 숫자가 겹치지 않게 들어가야 한다. 가능한 모든 경우의 값을 일본 스도쿠 열광자가 찾아냈다고 하는데 그 수가

66709037520210729369960^(66해 7090경 3752조 210억 7293만 6960) 개에 이른다고 하니 정말 놀랍다. 4학년 때 조의 자리까지 배우는 친구들에게 주사위의 경우의 수와 비교해 알려주면 너무 신기해하는 부분이기도 하다. 3×3으로 시작하는 1단계 스도쿠는 7세 아이들도 시작할 수 있다. 색깔로 나뉜 영역별로 덧셈, 뺄셈, 곱셈과 나눗셈의 미션이 추가될 수 있어서 사고력 연산에 더없이 좋은 퍼즐이다.

나는 중등 수학 클리닉에서도 스도쿠를 자주 이용한다. 수업 전 몰입도를 높일 수 있고 부등호 스도쿠를 이용하면 양수와 음수의 크기 변별력도 기를 수 있어 여러 가지 면으로 효과 만점인 학습도구이다.

그 종류도 다양해 요즘에는 스도쿠뿐 아니라 가투로, 히토리, 슬리더링크 등 논리숫자퍼즐을 어렵지 않게 찾아볼 수 있다. 퍼즐은 아이들의 집중력과 문제해결력을 키울 수 있는 가장 간편한 방법이지만 단계별로 접근하지 않으면 어렵다고 생각하고 쉽게 포기하기도 한다. 단계를 올리는 성취감과 도전정신, 끈기를 키우는 좋은 방법이니 다양한 퍼즐 속 수놀이를 추천한다.

마방진은 스도쿠와 달리 가로, 세로뿐 아니라 대각선까지 숫

자의 합이 모두 같도록 숫자를 채우는 놀이다. Magic Square^{(마}
^{법 사각형)}라는 뜻을 가진 마방진은 중국 한나라 때 우임금이 황하
강에서 발견한 거북이의 등에 새겨진 모양에서 유래했다는 신기
한 이야기를 담고 있다. 거북이 등 위에 정사각형 모양으로 새겨
진 1부터 9까지 숫자의 합이 어느 방향으로 더해도 15로 일치했
다. 이를 너무 신기하게 여겨 세상과 우주의 비밀을 담고 있는 신
비한 부적으로 부르게 되었다고 한다.

마방진이 더욱 특별한 것은 조선 후기 수학자인 최석정의 구
수략과 자수귀문도 때문이다. 최석정의 구수략은 아홉 개의 육각
형이 거북등 모양으로 연결되어 있으며, 육각형의 꼭짓점에 1부
터 30까지 수를 배치해 각 육각형을 이루는 여섯 개 수의 합이 모
두 93을 이루게 했다. 이는 유명한 수학자인 오일러보다 61년이
나 먼저 발표한 최석정의 구수략에 3×3부터 10×10까지의 마방
진이 저술되어 있으니 가히 자랑스럽지 않을 수 없다.

구수략에 소개되어 있는 자수귀문도는 거북이 등에 새겨진 숫
자그림이라는 뜻으로 육각형에 있는 6개 꼭짓점의 합이 모두 같
은 신기한 거북이 등 모양을 하고 있다.

초등학교 3학년 교과서에 나오는 김홍도 님의 '씨름도'에도 마

방진의 신비가 담겨져 있다. 씨름을 구경하고 있는 사람들의 구성이 육각형 모양으로 대각선에 위치한 사람 수의 합이 모두 같음을 알 수 있다. 아는 만큼 보인다는 말은 이런 것을 두고 하는 이야기인 것 같다. 알수록 더 재미있고 신비한 수학의 세계, 부적 같은 마방진과 숫자를 혼자 있게 만들어야 하는 재미있는 미션인 스도쿠로 자랑스러운 우리나라 수학의 역사도 배우고 숫자퍼즐로 친구들의 수학적인 감각도 키워보자.

수학은 다른 것들에 같은 이름을 갖다 붙이는 기술이다. – 푸앵카레

세수하자6
황금비를 찾아라
(스티브 잡스가 사과를 좋아했다고?)

세상 속 숨겨진 수학 공부하기=세수하기 시리즈의 여섯 번째 주제는 우리 주변에서 많이 접할 수 있는 황금비에 관한 것이다. 아이폰의 대표 이미지인 한 입 베어먹은 사과의 모형도 철저하게 계산된 황금비에 의해 디자인되었다는 것을 알고 있을까? 그 외에도 공원에서 볼 수 있는 꽃잎들도 피보나치 수열에 의한 황금비의 구조를 이루고 있다.

피보나치 수열은 신비롭게도 가장 아름다운 기하학적 비율인 황금비를 만들어낸다. 피보나치 수열에서 앞뒤 숫자의 비율을 2/1, 3/2, 5/3, 8/5, 13/8, 21/13, 34/21, 55/34, 89/55 식으로 무한대로 가면 1.618…이란 황금비에 이른다. 주변의 꽃잎을 세어보면 거의 모든 꽃잎이 3장, 5장, 8장, 13장…으로 되어 있다.

백합과 붓꽃은 꽃잎이 3장, 채송화·패랭이·동백·야생장미는 5장, 모란·코스모스는 8장, 금불초와 금잔화는 13장이다. 과꽃과 치코리는 21장, 질경이와 데이지는 34장, 쑥부쟁이는 종류에 따라 55장과 89장이다. 물론 이들은 모두 피보나치 숫자이다.

이처럼 잎이 피보나치 수열을 따르는 것은 잎이 바로 위의 잎에 가리지 않고 햇빛을 최대한 받을 수 있도록 하기 위한 수학적 해법이다. 꽃잎에서 볼 수 있는 피보나치 수열은 잎들이 서로 가려지지 않고 고르게 볕을 받기 위해 탄생한 자연의 신비라고도 할 수 있다. 사람의 신체 부위에도 피보나치의 황금비가 적용된 부분이 많다. 손가락과 얼굴에서 눈, 코, 입의 구성 비율부터 팔과 다리의 길이, 전체적인 신체의 비율까지도 황금비율을 이루고 있다니 그저 신기할 따름이다.

미술작품 속에서도 황금비는 어렵지 않게 찾아볼 수 있다. 평면 TV의 사이즈처럼 작품의 크기 자체도 사람의 눈을 가장 편안하게 한다는 1:16의 황금비를 이루고 있다.

대표적으로 보티첼리의 '비너스의 탄생' 속 비너스는 철저하게 계산된 황금비를 이루며 완벽한 아름다움을 갖추고 있다.

유치원에서 네모와 세모로 도형을 배웠던 아이들과 처음 "뾰족한 각이 4개 있는 도형은 사각형이라고 해"라는 평면도형의 개념을 공부하면 빠지지 않고 하게 되는 질문이 있다. "그럼 별은 몇 각형일까요?" 오각형이라고 대답하는 친구도 있지만 숨겨진 각의 수를 찾아볼까?라고 이끌어주면 10각형을 맞추는 친구도 있다. 정오각형 안에 있는 별은 신비한 황금비를 지니고 있어서 고대 그리스인들의 상징적인 문양으로도 많이 사용되었다는 이야기를 해주면 황금비가 뭐냐고 물어보며 무척이나 흥미로워한다.

이렇게 주변에는 문제집에서는 볼 수 없는 재미있는 수학이 보물찾기처럼 숨겨져 있다. 이런 신비로움에 흥미를 갖고 세상을 알아가는 개념으로 수학을 배운다면 더 이상 아이들이 수학을 포기하는 일은 없을 것이다. 지금 배우고 있는 개념들 또한 이 모든 수학에 기반을 두고 있는 재미있는 학문임을 알 수 있도록 탐구심을 키워가면 좋겠다.

수학적 발견의 원동력은 추론이 아니라 상상력이다. - 드모르간

내 아이만큼은
슈퍼자가
아니었으면

세수하자7
정사각형의 변신은 무죄?

누구나 한번쯤은 도미노게임을 해보았을 것이다. 정사각형 2개를 붙여서 만든 도미노를 일정한 모양이나 직선 또는 곡선의 형태로 간격을 맞춰 늘어놓은 후 출발점을 톡 건드리면 마지막 조각까지 특유의 소리와 모양을 만들어내며 쓰러지는 것이 묘한 쾌감을 느끼게 하는 놀이다.

도미노는 정사각형 2개가 연결되어 만들어지는데 폴리오미노^(Polyomino)란 변끼리 연결된 정사각형의 수에 따라 이름과 종류가 달라진다. 3개는 트리오미노^(Triomino), 4개는 테트로미노^(Tetramino), 5개는 펜토미노^(Pentomino), 6개는 헥사미노^(Hexomino), 7개는 헵토미노^(Heptomino), 8개는 옥토미노^(Octomino), 9개는 나노미노^(Nonamino), 10개는 데카미노^(Decamino)라고 부른다.

테트로미노는 5종류, 펜토미노는 12종류, 헥사미노는 35종류로 서로 다른 모양을 찾아 퍼즐을 맞춰보는 교구로도 쉽게 접할 수 있다. 헵토미노는 정사각형 7개로 합동이 아닌 도형을 무려 108개나 만들 수 있고 8개로 만들어진 옥토미노는 369가지나 된다는 걸 알려주면 한번 찾아보자며 매우 흥미롭게 접근하는 아이들의 모습을 볼 수 있다.

폴리오미노의 종류와 수처럼 스마트폰으로도 쉽게 다양한 수학을 배울 수 있다. 더 자극적인 게임을 접하다 보니 모르고 있던 수학게임 어플을 소개해주면 의외로 너무 재미있어 한다. 구구단을 외울 때에도 도전구구단 게임으로 몰입하도록 하면 어느새 실력이 쑥 늘어있는 본인의 모습에 놀라는 아이들도 있다. 라이트봇이란 코딩게임으로는 단계별로 레벨을 올리며 공간감과 압축의 개념이 자연스레 인지되는 과정을 경험할 수도 있다. 교과 수학의 개념을 확인할 수 있는 어플부터 스도쿠와 체스, 바둑 등 유익하게 집중력과 수학적인 감각을 키울 수 있는 많은 어플들이 있으니 아이들과 함께 찾아보자. 스마트폰과 게임에서 벗어날 수 없다면 좀 더 유익한 방법을 찾아 활용하면 좋을 것 같다.

어릴 때 많이 했던 테트로미노 게임으로도 교과과정을 배울 수 있다. 테트로미노의 주인공이 5명인 이유는 정사각형 4개를 연결했을 때 나올 수 있는 모양이 5개이기 때문인데, 대체로 많은 아이들이 ㅗ, ㅓ, ㅏ, ㅜ를 같은 모양으로 인지하지 못해 훨씬 더 많은 갯수를 이야기하는 경우가 많다. 평면도형의 뒤집기와 돌리기 단원과도 연계되는 개념으로 2018년까지 초등학교 3학년 교과 과정이었다가 초등학교 4학년으로 옮겨졌을 만큼 아이들이 어려워하는 단원이므로 퍼즐이나 게임 등으로 즐겁게 배울 수 있으면 좋겠다.

단순히 문제풀이만을 위한 학습이 아니라 구체물을 통한 연습이나 탐구의 과정을 통해 찾아가는 과정을 거치면 흥미롭게 훨씬 오래 기억할 수 있다. 테트로미노에서 정사각형의 개수를 하나 더 늘려서 정사각형 5개로 만들어진 12가지 종류의 펜토미노로 확장작업을 해보면 탐구심이 한층 성장해있음을 느낄 수 있을 것이다. 보통 초등 과정에서는 주사위 모양을 구성하는 정육면체인 6개의 정사각형까지만 탐구할 수 있어도 전개도를 보거나 평면을 입체로 이해하는 과정이 한결 수월하고 재미있어진다. 6개의 정사각형을 연결한 모양인 헥사미노는 모두 35종류인데 이 중 주사위 모양을 구성할 수 있는 전개도는 11가지이다. 중등 수학 클리닉 수업을 들어가도 정육면체의 11가지 전개도 종류를 구별하지 못하는 친구들도 많다. 분명 초등학교 5학년 때 배운 과정임에도 그저 문제풀이를 위한 학습 이상의 탐구 과정이 없었기 때문이다. 팀을 구성해 35종류의 헥사미노 찾기, 전개도 찾기 게임을 진행하거나 12종류의 펜토미노 조각을 주고 크기가 다른 직사각형 만들기 게임을 함께 해보자. 그 과정을 통해 탐구하고 시행착오를 거치며 규칙을 찾아 완성된 결과물은 오래 즐거운 장기 기억으로 남을 것이다.

수학이란 제3외국어라며 클리닉을 들어도 자기의 병세는 호전되지 않을 것이라던 중2 친구가 이렇게 배웠으면 전개도 문제를 절대로 안 틀렸을 것 같다며 즐겁게 집중하는 모습이 참 인상 깊었던 기억이 난다. 정육면체 5개로 12종류의 펜토미노를 찾아보고 6개로 확장해 전개도를 포함한 35가지 종류를 겹치지 않게 찾아보는 탐색의 과정 속에 친구들은 무엇을 배울 수 있을까? 몰입의 즐거움과 해냈다는 작은 성취감 그리고 수학에 대한 흥미를 느낄 것이다.

가끔 문제집 공부 할 시간도 부족한데 보드게임, 사고력 수업이 필요하냐고 묻는 어머니들에게 "어머님은 같은 1+1을 배울 때 반복해서 10번 쓰는게 좋을까요, 주사위 게임을 하는게 좋을까요?"라고 물으면 당연히 "주사위 게임이죠"라고 대답한다. 그게 정답이다. 교과 수학도 놀이 수학처럼 새로운 것을 알아가고 문제푸는 즐거움을 느낄 때 진정 자기주도학습적 공부가 이뤄지고 성장하게 된다. 믿는 만큼 성장하는 아이들이다. 그러나 진정 아이를 믿어주는 부모는 흔치 않다. 섣부른 걱정이 아이를 쉴 새 없이 학원순례를 하게 하고 뇌를 닫게 만든다. 지친 아이들은 놀이에 목말라하고 친구조차 만날 수 없는 놀이터는 공터가 되고 스마트폰에 빠지게 된다. 누구의 잘못도 아니지만 악순환의 고리는 끊어야 한다. 부모도 아이도 스마트폰을 내려놓고 보드게임에 빠져보거나 스마트폰으로 수학퍼즐 풀기를 함께 하는 추억을 어쩌면 우리의 아이들은 간절히 바라고 있을지도 모른다. 4차산업 시대가 와도 로봇보다 뛰어난 게 인간의 감성일 것이다. 공감하고 교류하며 인간중심의 사회 속 수학으로 질서와 재미를 찾아갈 수 있는 마음 따뜻한 부모이자 선생님이고 싶다.

수학은 실재할 뿐만 아니라 유일한 현실이다. - 마틴 가드너

결핍없이 자라는 아이들. 포노사피엔스라는 신조어가 등장할 만큼 스마트한 시대를 살아가고 있는 우리 아이들이 있습니다. 결혼해도 자녀는 낳지 않고 부부의 삶을 즐긴다는 딩크족부터 하나만 낳아 잘 키우자는 한자녀 가정이 늘어나면서 아이들은 아쉬움 없이 많은 것을 누리며 살아가고 있습니다. 결핍이란 단어와는 점점 거리가 멀어져가는 아이들이 있습니다. 바로 내 옆에 있는 아이가 그런 아이는 아닐까요?

젊어서 고생은 사서한다는 말도 있듯이 돌도 씹어먹는다는 20대에는 법에 위반되지 않는 한 많은 경험을 하는 것이 자산이 됩니다. 초창기 학원강사 시절에는 바빠서 이른 아점을 먹고 출근해 늦은 저녁 학원 앞 분식집에서 기름을 잔뜩 머금은 떡꼬치로 끼니를 때우며, 밤 11시 막차시간까지 일을 하곤 했습니다. 수학으로 좀 더 즐겁게 소통하고 싶어 재미있는 강의법도 연구하고 보드게임과 사고력 교구재를 공부하며 누구보다 열심히 바쁘고 숨가쁘게 지내온 세월이 어느덧 벌써 20년이 지났습니다. 저의 경험이 누군가에게 작은 힘과 위로가 되기를, 조언보다는 공감과 도움이 되는 책을 쓰고 싶다는 마음으로 준비하면서 저는 또 많은 걸 배우고 깨달았습니다.

고인물은 썩는다는 말처럼 늘 신선하게 흐르는 물이 되고 싶어 부단히 많은 시도와 고민 그리고 도전을 해왔던 것 같습니다. 지금도 여전히 하고 싶은 일이 많이 있습니다. 그래서 늘 바쁘고 그래도 늘 즐겁습니다. 사랑하는 아이들이 있고 그 천사들의 미래에 작은 한 계단을 함께 완성하며 성장해갈 수 있어서 너무나 행복하고 감사합니다. 모든 일에는 시기와 단계가 있는 것 같습니다. 아직 많이 부족하지만 이제는 좀 더 많은 아이들과 학부모님들과 소통하는 인문학적 수학의 길에 작은 발걸음을 만들어가고 싶습니다. 이 책으로 그 첫 발자국을 새겨봅니다.

외길만 걸어온 20년 세월의 작은 울림과 떨림이 친구들과 학부모님께 전달되기를 간절히 바라봅니다. 앞으로도 더 나눌 것이 많은 쌤이 될 수 있도록 더욱 정진하겠습니다. 늘 바쁜 엄마를 이해해주는 고마운 아들딸과 정신적인 지주가 되어주시는 엄마, 사랑으로 지켜주는 여동생과 남동생 그리고 책을 준비하는 동안 많은 힘이 되어 준 송쌤과 김작가님 정말 감사드립니다. 이 은혜와 사랑 잊지 않고 더욱 발로 뛰는 신나는 아름쌤이 되겠습니다.

오늘은 어제 죽은 이가 그토록 살고 싶어 하던 내일이라고 했습니다. 얼마 전 동갑내기 친구의 죽음으로 저는 매일 내일이 없다는 생각으로 살자고 다짐해보았습니다. 내일이 없다면 무엇이 중요할까요? 아이들이 만들어 갈 미래라는 별에 수학은 그저 하나의 점 일지도 모릅니다. 수많은 점들을 모아 더 빛나고 큰 별을 완성해가는 아이들, 그리고 그 길을 믿음으로 지켜봐 주시는 부모님과 어른들이 있습니다. 지금 오늘의 순간을 살아가는 이유를 알고 감사와 긍정으로 충만한 아이들이 될 수 있도록 그렇게 수학뿐 아니라 모든 고난과 역경을 기꺼이 기쁘게 받아들이고 도전할 힘과 용기를 줄 수 있는 선생님이자 부모이고 싶습니다. 수학 그 이상의 가치란 초심을 잃지 않고 소중한 순간 기쁘고 감사히 아이들과 함께 걸어가겠습니다. 일과 살림을 병행하며 글을 쓰고 책을 준비하느라 숨 가빴지만 '책을 읽고 글을 쓰는 수학쌤'으로 남고 싶다는 저의 바람이 작은 결실을 맺게 되어 참 행복합니다. 아이들에게도 이유나 변명 없이 간절히 원하면 꿈은 이루어진다는 메시지를 전할 수 있어 너무 기쁘고 감사합니다. 그저 문제풀이를 위한 대학과 성적을 위한 수학이 아닌 세상을 알아가고 만들어가는데 필요한 과정으로 재미있는 수학으로 읽고 쓰며 즐겁게 공부하겠습니다. 건강하게만 자라다오 라는 바람으로 태어난 우리 아이들을 믿고 응원해주시며 함께 걸어가 주실 거지요? 부족한 글 읽어주셔서 너무너무 감사드립니다.